青少年
— 抑郁心理学 —

宋政隆 ◎ 编著

当代中国出版社
Contemporary China Publishing House

图书在版编目（CIP）数据

青少年抑郁心理学 / 宋政隆编著 . -- 北京：当代中国出版社，2023.3
ISBN 978-7-5154-1252-8

Ⅰ.①青… Ⅱ.①宋… Ⅲ.①青少年—抑郁—研究 Ⅳ.① B842.6

中国版本图书馆 CIP 数据核字（2023）第 034591 号

出 版 人	冀祥德
责任编辑	陈 莎 张 白
策划支持	华夏智库·张 杰
责任校对	康 莹
出版统筹	周海霞
封面设计	尚世视觉
出版发行	当代中国出版社
地　　址	北京市地安门西大街旌勇里8号
网　　址	http://www.ddzg.net
邮政编码	100009
编 辑 部	（010）66572180
市 场 部	（010）66572281　66572157
印　　刷	三河市长城印刷有限公司
开　　本	710毫米×1000毫米　1/16
印　　张	14印张　200千字
版　　次	2023年3月第1版
印　　次	2023年3月第1次印刷
定　　价	68.00元

版权所有，翻版必究；如有印装质量问题，请拨打（010）66572159联系出版部调换。

前言

面对越来越多的青少年抑郁，您准备好了吗？

提到"抑郁"这个词，可能很多人想到的是成年人的抑郁。他们提不起精神，得过且过，不上进，不愿意跟别人说话，喜怒无常，钻牛角尖，情绪失控……很少有人会想到，这个心理问题也会出现在青少年身上。大量的事实告诉我们，青少年抑郁问题离我们并不遥远。

生活中，很多青春期的孩子都可能出现抑郁、焦虑等问题，变得烦躁、易怒、悲伤、失眠等，有些孩子甚至还可能出现情绪极度失控、钻牛角尖等倾向。目前，由于躯体症状多于心理症状，仅有约 1/4 的孩子能得到及时诊断和治疗。

想想看，你家孩子身上是否出现过以下这些问题：

孩子总是闷闷不乐，喜欢把自己关在家里，不愿意跟任何人交流；

孩子忽视自己的卫生状况，甚至都不愿意刷牙和洗脸；

孩子一看书就头疼或肚子痛，如果父母劝学，他们还会以沉默对抗；

孩子总会毫无征兆地乱发脾气，不管看到什么或做了什么，都烦躁无比，有时为了宣泄还会击打墙壁，导致骨折……

其实，这些情况并不是孩子偶然的"不乖"和"叛逆"，而是因他们内心的不良情绪得不到有效疏导而向父母发出的求救信号。抑郁情绪不仅会严重影响孩子的身心健康，还容易带来应激性犯罪等风险隐患。

抑郁等心理问题的发病年龄越来越小。过去很多孩子都是到了大学后才出现这个问题，而现在很可能中学时问题就已经存在了；过去出现抑郁问题的多数都是成年人，如今，无论是小学生、中学生还是高中生，都出现了不同程度的抑郁倾向，着实令人担忧。

青少年出现抑郁心理的原因有很多，大致包括生理、心理、社会三个方面。随着年龄的增长，孩子们的生理发育不断加速，认知能力不断提高，他们的社会性等方面发生着巨大变化，但心理发育的速度却相对缓慢。抑郁的低龄化为青少年群体增加了成长负担，因而关注青少年的心理健康也就成了家长的首要任务。

有些家长缺乏对抑郁的认识，认识不到抑郁对孩子的危害，导致不能及时解决孩子的抑郁问题；有些孩子觉得自己情绪不好，需要纾解或看心理医生，但家长觉得没什么大事，觉得孩子还小，只是一时想不开，只要以后想开了就好了。

青少年时期处于神经系统发育的重要时期，这也是性格发育的重要阶段。他们接触的信息量大，不但面临巨大的压力，还要抵御各种诱惑。抑郁的发生有遗传因素，也有环境对个人的影响，不能单纯归因为孩子"不够坚强"而忽略了个人对压力的可承受限度。

孩子出现抑郁症状，如果不及时得到解决，情况就会愈演愈烈，积蓄为更加严重的心理问题。因此，对于孩子的抑郁问题，一定要早发现、早治疗。

事实上，孩子的精神疾病更像一面镜子，可以反照出家庭和社会的各种问题。作为家长，平时要多关注孩子的心理健康。为了给家长更多的指导，我们特意编写了本书。

本书从青少年抑郁的基本常识入手，介绍了青少年抑郁的主要表现、主要原因、预防方法、应对技巧等方面的内容，案例典型、语言平实、方法简单、操作性强。在阅读这本书的过程中，如果发现自己的孩子确实出现过跟书中所说相似的问题，就要多加关注了。

该书是我多年工作经验的总结，希望能给家长带来帮助。对于青少年抑郁问题，在今后的日子里我还会继续关注和研究，如果家长遇到类似问题，可以随时跟我联系，大家彼此取长补短，共同进步，为孩子的健康成长而努力！

目录

上篇　青少年抑郁心理健康科普

第一章　揭开青少年抑郁的真实面纱 / 2
- ◆昔日阳光灿烂的小辰怎么不见了？/ 2
- ◆父母看的是表面症状，看不到的是背后的抑郁 / 7
- ◆你的孩子到底是悲伤，还是抑郁？/ 10
- ◆为何"抑郁"会被误解为"叛逆"，如何区分？/ 14
- ◆青少年真抑郁和假抑郁的区别 / 16
- ◆青少年抑郁与成年人抑郁的区别 / 19
- ◆青少年抑郁不加有效干预，后果不堪设想 / 21

第二章　青少年抑郁的主要表现 / 24
- ◆自我封闭：没有朋友，不交流，不回应 / 24
- ◆情绪低落：对生活失望，厌恶自我 / 28
- ◆反抗父母：跟父母对着干，对父母发火 / 32

◆ 成绩突降：成绩突然大幅下滑，可能是心理出现了问题 / 36

◆ 兴趣消失：对过去喜欢的东西少了兴趣，可能就是抑郁 / 39

◆ 表情迟钝：眼睛没神采，面部表情较少 / 41

◆ 脾气暴躁：为了一点儿小事大发雷霆或摔东西 / 42

第三章　引发孩子抑郁的主要原因 / 46

◆ 高度敏感：青少年本身存在的高敏感心理 / 46

◆ 内心脆弱：孩子心理脆弱，稍遇挫折就容易诱发抑郁 / 48

◆ 不善交往：青少年抑郁的一大诱因就是人际关系 / 52

◆ 懵懂情爱：青春期情感困惑引发的抑郁 / 55

◆ 压力太大：不堪负荷，罹患抑郁 / 58

◆ 痴恋网络：深陷网络，回到现实就出现抑郁状 / 60

◆ 父母伤害：原生家庭和"毒性父母"造成抑郁 / 64

第四章　改善生活方式有效预防青少年抑郁 / 70

◆ 关注信号：出现这4个信号，孩子很可能开始抑郁了 / 70

◆ 保证睡眠：良好的睡眠，能够很好地预防青少年抑郁 / 72

◆ 重视锻炼：加强体育锻炼，对于预防青少年抑郁大有益处 / 77

◆ 合理用脑：不要带病用脑，也能有效预防青少年抑郁 / 80

◆ 简单生活：面对额外的事情，敢于说"不" / 83

第五章 "三乐"和"三不要"有效预防青少年抑郁 / 86

◆ "三乐" / 86

◆ "三不要" / 96

下篇 青少年抑郁心理干预

第六章 建立自尊：尊重自我的孩子，患抑郁的概率会少很多 / 104

◆ 自我感觉良好，对远离抑郁至关重要 / 104

◆ 多做自我肯定，肯定自己的价值 / 107

◆ 专注于自己的优点，有助于顺利渡过困境 / 111

第七章 改善情绪：消除负面情绪，方可走出抑郁的泥潭 / 115

◆ 哭一哭：感到难过了，就大声哭出来 / 115

◆ 跑一跑：撒开腿，到附近跑几圈 / 119

◆ 唱一唱：听听音乐，唱一曲 / 121

◆ 画一画：心情不好，可以涂涂鸦 / 123

◆ 写一写：将烦恼统统"卸载"到纸上 / 125

第八章 健康人际：和谐的人际关系，也能让孩子远离抑郁 / 128

◆ 人际关系 VS 心理健康 / 128

◆ 引导孩子正确评估自己的人际关系 / 132

◆ 不同年龄段孩子的心理特点 / 139

◆ 孩子被同学孤立，怎么办？ / 146

◆ 孩子遭遇校霸，怎么办？ / 151

第九章 家长参与：做智慧家长，陪孩子一起战胜抑郁 / 155

◆ 细观察：掌握孩子的抑郁状态 / 155

◆ 懂陪伴：温和陪伴孩子 / 159

◆ 多交流：与孩子平等地交流，了解其抑郁持续时间 / 162

◆ 会倾听：耐心倾听孩子 / 165

◆ 营造氛围：营造和谐的家庭氛围 / 168

第十章 心理咨询：找专业人士做指导，帮孩子赶走抑郁情绪 / 171

◆ 了解青少年心理疏导的作用 / 172

◆ 重视校内的心理咨询和辅导 / 176

◆ 寻找正规的校外青少年心理咨询机构 / 178

◆ 选择优秀的青少年心理咨询师 / 180

◆ 引导孩子做心理咨询 / 182

◆ 重视咨询过程 / 184

第十一章 日常应对：使用正确的方法，化解日常生活中的抑郁难题 / 187

◆ 孩子目标没有实现，感到抑郁，怎么办——让孩子降低期望值，

提高满意度 / 187

◆孩子总是做不好事情，感到抑郁，怎么办——引导孩子从最小的小事做起，提高自信心 / 190

◆孩子为理想没有实现而抑郁，怎么办——鼓励孩子活在当下 / 191

◆孩子遇到问题，苦思而不得解，变得抑郁，怎么办——鼓励孩子主动向他人求助 / 195

◆孩子觉得同学比自己优秀，感到抑郁，怎么办——引导孩子识别并克服同伴压力 / 198

◆孩子觉得同学瞧不起自己，感到抑郁难耐，怎么办——鼓励孩子勇敢面对 / 201

附录：青少年抑郁测试表 / 204

◆抑郁自评量表（SDS）/ 204

◆伯恩斯抑郁症清单（BDC）/ 206

◆青少年抑郁自我测试 / 207

参考文献 / 209

上篇

青少年抑郁心理健康科普

第一章　揭开青少年抑郁的真实面纱

◆昔日阳光灿烂的小辰怎么不见了？

在蒋先生的记忆里，儿子小辰一直乖巧懂事、乐观开朗。蒋先生给了儿子最大的自由，有时小辰甚至不喊他爸爸，直接称呼他为"辉哥"；有时儿子放学后回到家，还会坐在沙发上，把脚一伸，跟他撒个娇："辉哥，把鞋给我脱了。"

2021年9月初，小辰升入初一后，蒋先生发现儿子变了。他注意到：儿子开始不爱说话，总是闷闷不乐，有时还把自己关在房间里。

小辰上的是重点班，作业每天做到晚上10点，第二天早上6点就要起床，睡眠时间不足7小时。蒋先生一度认为是儿子学习压力大才导致状态不好，但之后发生的一件事，让他意识到了问题的严重性。

开学两周后，儿子曾跟他商量能不能转到普通班，蒋先生没有同意。随后，小辰的状态越来越差，整天将自己关在屋子里，不说话，不写作业，提不起精神。

经朋友介绍，蒋先生带着儿子来到一家心理咨询机构。经过短暂的交流，心理医生得出结论：小辰抑郁了，情况还比较严重。

蒋先生十分震惊，一时不能接受这个现实，但很快他就恢复了理智，听从心理医生的安排，对孩子进行了引导和心理治疗。经过一个疗程，小辰的状况有了好转。

看到儿子又恢复到以前的样子，蒋先生为了庆祝，带儿子去吃炸鸡。父子二人面对面坐着，商量了下周一回学校的事。

小辰突然问爸爸："如果我初中退学，以后还有出路吗？"

"现在大学生都不好找工作，你连初中毕业证都拿不到，能有什么出路！"蒋先生脱口而出。为了赶上课程，不耽误学习，他建议儿子立刻回学校，儿子答应了。

可是，回到家里之后，儿子又将自己关进了房间。这次似乎比上次还严重，不是不起床，就是懒得穿衣服，甚至连饭也不想吃了。

蒋先生一直关注着儿子的状态。这天凌晨3点，他发现儿子房间的灯还开着，于是悄悄走过去，推开门，发现儿子居然趴在桌子上睡着了，旁边放着一个日记本。虽然他知道不能偷看儿子的日记，但出于关心，他依然慢慢地拿起来，借着台灯，一页页翻看下去：

2020年10月23日　太痛苦了，我坚持不下去了。

2020年10月31日　能不能稍微安慰我一下，我真的太难受了。

2020年11月6日凌晨1点　我真的读不下去了。一想到假休完就要上学，我就受不了，我好难受。

……

家里有一个青春期的孩子，多半家长都会感到异常焦虑，更何况是内心抑郁的孩子。孩子内心抑郁，做事提不起精神，眼神无法聚焦，父母的心都会揪起来，生怕孩子做出伤害自己的举动。

抑郁是一种不愉快的心境体验，青少年抑郁主要以抑郁情绪为核心，伴有相应的思维改变。心理抑郁的孩子，常常会有以下表现：对自己喜欢的事情失去兴趣，情绪低落，思维活动、行为和动作迟缓，上课不专心听讲，常常因疲劳而失眠、头晕胸闷，不愿与父母或其他人交流，严重者还会做出一些极端行为。

青少年抑郁是由于主体的需要未能满足，又觉得无力改变现状、无力应付外界压力而产生的一种消极情绪，常伴有厌恶、痛苦、羞愧、自卑等情绪体验。对多数人来说，抑郁只是偶尔出现，很快就会消失，但也有少数青少年因长期处于抑郁状态而确诊抑郁症。他们大多性格内向孤僻、多疑多虑、不爱交际、努力得不到回报……

只有阳光快乐的孩子才是自主的，才有能力面对生活中的各种困难，才能快速调整自己面临一切的心态，找到自己正确的位置，做到宠辱不惊，不将胜败得失放在心上，心智成熟、性格洒脱、为人睿智……

开朗乐观既是一种心理状态，也是一种性格品质。调查显示：开朗乐观的人不仅身体较为健康，也较易获得成功。那么，如何培养孩子这一品质呢？

1. 创建快乐的家庭气氛

孩子每天在家中待得时间最多，家庭氛围会对孩子造成巨大影响。家长要为孩子树立表达情绪的榜样，要合理地、自然地显示个人的喜怒哀乐，比如孩子放学回到家，一进门，你就可以笑着对他说："放学了！你猜，妈妈今天给你做的什么好吃的？"当孩子开始猜测的时候，心情就会好起来。

2. 鼓励孩子多交朋友

不善交际的孩子局限在自己的小圈子里，可能遭受孤独的煎熬，享受不到友情的温暖。因此，如果你家的孩子性格内向，就要鼓励他们多交一些朋友，尤其是开朗乐观的朋友，让他们体会与人交往的快乐。比如：鼓励孩子跟同学一起上下学，让孩子带同学来家里玩，引导孩子为同学提供帮助，等等。

3. 让孩子爱好广泛

研究发现，全身心投入到一项充满挑战的任务中，会给人带来很大的快乐。对于孩子来说，可以培养他们的兴趣爱好，例如运动、唱歌、表演、集邮、绘画等，他们投入其中会感到很快乐。当然，这里的兴趣爱好不一定是指某种技能或某种竞技，还可以是开发孩子的智力，让孩子感受到全身心投入的快乐。

4. 引导孩子学会摆脱困境

当孩子遇到困难或不开心的事时，父母最好在一旁引导孩子去面对困难、解决困难。如果孩子一时无法摆脱困境，可以引导孩子学会忍耐或在逆境降临之时寻求另外的精神寄托，比如运动、游戏、聊天等。当然，父母最好在孩子很小的时候就有意识地培养他们应付困境的能力，如参加体育运动、公益活动等。

5. 让孩子和负面评论说"再见"

每个人都会经受他人的评价，其中有肯定的，也有否定的。如果孩子对负面评价耿耿于怀，长时间无法释怀，就会压抑自己、封闭自己。因此，想让孩子远离抑郁，就要让他们远离负面评论。比如：有些父母平时喜欢对各种人与事进行评论，其中不乏负面的东西，一旦孩子听到了，久而久之，就会渐渐丧失对周围人和环境的信任，从而失去安全感，所以当着孩子的面，最好少说负面的东西。

没有安全感的孩子是不会快乐的，想让孩子开心快乐起来，就应该让他们觉得世界是美好的，让他们远离负面评价。

◆父母看的是表面症状，看不到的是背后的抑郁

一天，我在咨询室接待了一个高中生。我对这个孩子的第一印象是：彬彬有礼，乖巧懂事。跟他聊了几句，我好奇地问他："你知道你妈妈为何要带你来我们这里吗？"他笑了笑，没说话。

他妈妈看到儿子这副样子，并没有强求他说话，好像原本就知道孩子就是这个样子。然后，她跟我讲述了孩子的现状……

这个男孩正在上高二，从小就不爱说话，即使在家里，多半也是父母先跟他说话，他很少会主动跟他们聊天。升入初二后，妈妈发现男孩似乎更不爱说话了。

早上闹铃一响就起床，然后洗漱、吃饭，家人坐在一张桌上吃饭，但男孩一句话都不说。

中午放学回到家，儿子依然一言不发，吃完饭就玩手机或看电视，也不睡午觉。

下午去上学，儿子根本就不跟她打招呼，悄悄地走，只有听到"咚"的关门声，妈妈才知道儿子走了。

儿子放学回来，打开门后，直接走进自己的卧室，除非吃饭或喝

水，根本就不会开门出来；晚上睡觉很晚，有时父母半夜起来发现儿子的房间还亮着灯……

父母看到的往往只是孩子的表象，很少有人会探究其背后的问题，即可能存在的抑郁问题。孩子发展成抑郁有各种各样的原因。有的孩子在学校遭受到老师的羞辱，感到非常难堪、受伤，时间长了，负面情绪无处宣泄，就会发展成抑郁。有些孩子天生属于敏感体质，处于同样的环境下，往往比性格大大咧咧的孩子更容易陷入抑郁。

很多家长都会误解孩子的抑郁情绪，认为抑郁就是长期情绪低落、精神不振，其实，抑郁的孩子可能情绪起伏很大，也可能低落消沉，还有时候易怒、易激动、易情绪爆炸。这和青春期孩子的叛逆不一样，抑郁的孩子一般都无法控制自己的情绪。

未成年人的抑郁识别起来确实有些困难，尤其是儿童，他们和成年人表达情感的方式不一样。我们不仅要留意孩子的情绪是否大起大落，还要注意他们有没有一些异常行为。比如：有些孩子写作业或考试之前，会拔自己的头发，刚开始拔几根，慢慢变成一小撮；或者咬指甲、咬手皮，咬到手指难以愈合……出现这些情况时，至少说明孩子内心焦虑，而焦虑和抑郁常常伴随而生。

新时代的孩子有一个共同点，即过早地思考一些哲学问题。他们不需要为衣食发愁，物质方面从不缺乏，这导致他们过早地开始思考：我为什么活着？我为什么学习？当孩子意识到自己无法控制情绪，出现心理问题时，是否会求助完全取决于他和周围成年人的关系如何。

如果孩子足够信任父母，有些话题父母是可以直接和他们聊的。比如，可以问孩子："如果考试没考好，你们同学会不会感到压力大？如果没考好，他们会怎么办？你会做什么事情来缓解压力？遇到类似的事情，你会有这种想法吗？"智慧的父母都能及时觉察到孩子的情绪变化，并帮助孩子减压。

青少年年纪较小，不会表述情感问题，只会跟父母说身体上的某些不适，比如有的孩子经常说头痛头昏，有的孩子经常说呼吸困难，有的孩子经常说嗓子里好像有东西……他们的"病"似乎很严重，呈现慢性化的特点，而且反复发作，但做了诸多医学检查，又没发现什么问题。

此外，青少年抑郁更容易被人忽视的原因之一就是症状经常"奇怪性消失"。比如：孩子一到学校门口或教室里就感觉头晕、恶心、腹痛、肢体无力等；离开这个特定环境回到家里，一切又会恢复正常。比起明显的症状，似乎内心的情绪才是"青少年抑郁"之下不可言说的痛苦。

鉴于青少年年龄、经济、智力等多方面因素，即使他们表现为抑郁，甚至向父母释放出抑郁的信号，也总是会被大人忽视或不理解。比如：孩子说"活着没意思""真想死了算了"……常常被家长忽视，根本就不会放在心上，或直接呵斥教训孩子："小孩子懂什么，有什么想不开的！"或者直接当着孩子的面，将孩子的话当成玩笑。

在生长发育期间，孩子对周围环境非常敏感。孩子早期表现出的抑郁情绪或心理，家长若能及时发现，并找到产生抑郁情绪的原因，好好和孩子沟通，孩子就能找到宣泄负面情绪、焦躁心理的方法，从而将抑郁消灭在萌芽状态。

◆你的孩子到底是悲伤，还是抑郁？

一直以来，抑郁与悲伤都是两个容易被人混淆的概念。

很多抑郁的孩子，人们会觉得他们只是悲伤，而有些极度悲伤的孩子则会觉得自己患了抑郁症。如果将抑郁和悲伤这一最初的抑郁症状联系在一起，就很难区分这两种常见的心理状态。这种混淆可能会使我们忽视抑郁这类需要进行治疗的心理状态，而对悲伤这类正常的情绪则反应过度。

正确识别抑郁和悲伤对青少年的精神健康和身体健康有着重要作用。下面，我们就来看看到底怎样才能分清抑郁与悲伤。

一、抑郁与悲伤的定义

要想区分抑郁与悲伤，可以先从两者的定义着手考虑。

1. 悲伤

悲伤是一种常见的、自然的人类体验，是一种很复杂的情绪，融合着失落、难过、怨恨甚至内疚。悲伤情绪通常发生在遭遇挫折、失败后，是一种不愉快的体验，比如居住环境的改变、亲友去世、父母离婚、毕业或失业等，都会导致悲伤情绪出现。

2. 抑郁

抑郁包含悲伤的感觉，但抑郁的人还会出现更多症状。这些症状都可能影响孩子的精神、情感和身体健康。我国目前约有 20% 的儿童出现抑郁症状，其中 4% 为临床抑郁，需要接受临床治疗。儿童和青少年患抑郁症越来越常见，发病的年龄也向着越来越年轻的趋势发展。

总之，悲伤只是一种情绪，抑郁却是一种精神性的心理疾病，情况严重者还会损害孩子的身心健康。

二、抑郁与悲伤的区别

抑郁是一种非常常见的心理疾病，也是人的一种心情状态，当孩子遭遇心理压力、生活挫折、痛苦或生病、死亡等境遇时，就会产生忧郁的情绪。抑郁是一种生理上的忧郁障碍，只有正确区别悲伤与抑郁的不同，才能及早进行治疗，否则会对健康带来很大影响。

悲伤与抑郁的区别主要体现在以下 5 个方面：

1. 引发的原因不同

对于一个正常孩子来说，他的悲伤情绪通常都是因为某些客观事情的发生，而引起忧郁情绪的原因多为缺乏客观心理状态或有不良因素，如果是无缘无故引起心情低落等情绪，就可能与抑郁有关。

2. 持续的时间不同

一般人的情绪变化都有一定的时间周期，通常是短期的。通过自我调节，就能充分发挥自我心理防御功能，重新保持心理平衡。然而，抑郁症状往往会持续存在，如果不治疗，就难以缓解，症状还会逐渐恶化。心理专家研究表明，不良情绪一般不会超过两周，如果超过一个月甚至几个月，就有可能是病理性抑郁。

3. 影响的程度不同

悲伤的影响比较轻，而抑郁的影响却非常严重，会影响孩子的学习和生活。这种孩子一般都无法适应社会，影响他们社会功能的发挥，严重的甚至会产生无法自控的行为。

4. 出现的次数不同

悲伤的情绪只有在事情发生后才会出现，如果没有令人产生悲伤的事情，就不会有悲伤的情绪出现；而抑郁的情绪并不是基于客观事实的，可以反复出现，且每次发作的基本症状大致相同。

5. 发作的时间不同

悲伤的情绪随着事件的发生而产生，没有固定的时间，而抑郁情绪则有规律地出现，其特点是：早晨和夜间都很严重。有些孩子的情绪在每天早晨都感到糟糕和痛苦，更为严重的甚至会情绪失控；下午时，情绪会逐渐好转，到了晚上，似乎没有什么问题，但第二天早晨又会再次陷入抑郁之中。

三、抑郁与悲伤的诊断

作为一种情绪，悲伤没有临床诊断的标准；而作为一种精神心理疾病，抑郁却有着明确的临床诊断标准。根据中国精神障碍分类与诊断标准第3版（CCMD-3），抑郁的诊断标准是：在一天的大部分时间里，以情绪低落为主，至少出现下列情绪中的4种，并持续2周及以上即为确诊：

（1）对某件事失去兴趣，没有愉快感；

（2）精力减退或产生疲乏感；

（3）精神运动性迟滞或激越；

（4）自我评价太低、自责或感到内疚；

（5）联想困难或自觉思考能力下降；

（6）睡眠障碍，比如失眠、早醒或睡眠太多；

（7）食欲下降或体重明显减轻。

四、治疗及应对方法

如果孩子处于一种悲伤、难过的情绪中，并没有发展到抑郁的程度，就可以尝试下面6种方式，这些自我护理策略可以缓解他的悲伤、难过等情绪：

（1）让孩子承认自己的感受，且知道感到悲伤根本就没关系；

（2）让孩子优先考虑自己的身心健康；

（3）让孩子考虑一下情绪对自己日常活动的影响；

（4）让孩子均衡饮食；

（5）让孩子保持体育锻炼；

（6）让孩子保持和谐的人际关系等。

◆为何"抑郁"会被误解为"叛逆"，如何区分?

"厌学"和"抑郁"是有区别的。很多青少年抑郁的突出表现是不愿意上学甚至厌学，有些家长可能会单纯地将学习压力太大归结为"学校恐惧症"。其实，情况并没有他们想象的那么简单：厌学的孩子在学校里的表现往往是不正常的，但只要下课、走出校门或回家就会恢复正常；而抑郁的孩子无论是在学校还是在家里，他们的情绪都是不正常的。

这些孩子的智商很正常，也很聪明，知道同学每天都在努力学习，不断进步，自己却没有动力。有些人可能会认为抑郁的孩子就是坐在角落里表情呆滞。其实，抑郁的典型表现是：对事物"缺乏快感"，这种孩子无论做什么，都体会不到其中的乐趣，因而毫无动力。这就是抑郁的典型心理感受。

判断孩子是否抑郁的一个重要标准就是"他们的情绪是否影响了正常的学习和生活"。严重抑郁的青少年会被迫离开学校接受治疗。

抑郁和叛逆完全是两个概念。内心感到抑郁的孩子对很多事情都感到悲观，他们喜欢自我否定，敏感多疑，可能出现了严重的心理问题；叛逆的孩子一般都非常敏感，他们像刺猬一样浑身长满了刺，只要父母所做的没有达到他们的要求，即使父母没做错什么，孩子也会原地爆炸、大发脾气。

叛逆是青少年在特定阶段的主要表现，更多的时候是一种指向外部的攻击，比如喜欢违抗家长或老师的命令，以个人意志为核心，忽视规则和束缚，对自己的想法和看法坚信不疑，不喜欢听长辈的意见和建议等。而抑郁更多的时候是一种指向内部的自我攻击，主要表现为：对自我价值的否定和怀疑，情绪低落，缺乏兴趣，注意力不集中……当然，也会出现与叛逆相似的症状，但是核心特点还是内部攻击。

两者之间的差别很大。然而，由于精神卫生知识的普及和宣传不够，加上部分家长对孩子的抑郁感到羞耻和恐惧，会潜意识地否认症状，将其误解为叛逆，导致很多时候青少年的情绪问题被理解为叛逆。

这里有一个比较直观的判断方法，就是看看以上症状的持续时间是不是超过2—3周。如果孩子长时间被这种低落心境和无价值感的情绪所困扰，就需要引起足够的重视了，家长要及时带孩子去就医或做心理咨询。

◆青少年真抑郁和假抑郁的区别

前两年网络上流行过一句话,"我抑郁了"。好像在很多人眼中,不管遇到什么不开心的事情,都可以说这句话。那么,抑郁到底是心理问题还是一种心理疾病呢?遇到一点儿小事就哭,是轻度抑郁吗?真抑郁和假抑郁的区别是什么?

有些孩子在生活中遇到一点儿小事就哭,然后怀疑自己抑郁了,那这种情况是轻度抑郁吗?不一定。

现在我们来看一下轻度抑郁的具体表现:轻度抑郁患者以持续性的情绪低落为主要特征,如果经常出现悲观厌世、思维迟缓、感觉做什么都没有兴趣、失眠严重等问题,就存在抑郁的可能。所以,遇到一点儿小事就哭不一定是轻度抑郁,大概率是有抑郁情绪。

抑郁情绪是一种负面情绪,特点也有情绪低落、思维缓慢、语言动作减少或迟缓。抑郁情绪和抑郁症的区别在于:情绪是一个心理上的问题,而抑郁症多伴有器质性病变,属于精神科的疾病。

此外,有些人天生情绪敏感脆弱,也可能遇到一点儿小事就容易哭。他们并不是有情绪上的问题,也没有心理问题,这只是他们处事的一种方式。就像有的人天生勇敢坚强一样，这些人天生敏感脆弱。

需要明确的是，在心理学上并没有真抑郁和假抑郁的区分。生活中我们所提及的真抑郁和假抑郁，多数情况下前者代表的是抑郁症，后者则代表抑郁情绪。二者的区分可以从以下几个方面来进行：

1. **看时间**

情绪的时间往往比较短。例如：今天早上迟到了，本来孩子心情非常郁闷，如果班主任老师在课堂上说，下午早放学，孩子的心情顿时就变好了。这是情绪的特点：来得快，去得也快。抑郁症就不一样了，抑郁症可能会让孩子在较长的一段时间里对任何事情都提不起兴趣，心态悲观。

2. **看诱发事件**

人们通常认为情绪是由事件引起的，比如考了第一名，孩子会感到开心；不及格，会感到难过。如果最近没发生过什么让孩子特别难过的事情，孩子没有什么压力，但每天都无精打采，开心不起来，这可能就是抑郁症的表现，它已经超过了抑郁情绪的范围。

3. **看是否有躯体症状**

通常抑郁的情绪只会在短时间内让孩子感到心里难受，而抑郁症则会让孩子在很长时间都表现出强烈的躯体症状，比如浑身酸痛、无力、冒冷汗等。

要想区分真抑郁和假抑郁，可以从以上几个方面来进行。抑郁情绪可以通过自己主动调节来缓解，而抑郁症则必须接受专业的检查和治疗。

很多人因为没有得过抑郁症，在看过一些抑郁症科普文章以后，就觉得自己患上了抑郁症，如果不立刻治疗，好像下一秒就会发生不可挽回的大事。大多数情况下，这都是虚惊一场，是他们错把短暂的抑郁情绪当成了抑郁症。

那么，如何来判断孩子是真抑郁还是假抑郁呢？

1. 感受孩子内心的情绪变化

抑郁的孩子内心一般都是消极的，想要分辨清楚孩子是否抑郁了，最好的办法就是倾听他们、观察他们，看看他们究竟有没有出现抑郁的倾向。

虽然每个孩子的性格有所不同，但抑郁的表现都一样，主要表现为：烦躁紧张、沮丧郁闷、精神不振、焦虑害怕、注意力分散、自我评价过低、患有睡眠障碍等。

2. 感受孩子的活力是否存在

患有抑郁的孩子好像整个人的活力都被抽走了，曾经喜欢的事物再也无法唤回自己的兴趣。想要判断孩子的活力还在不在，就要让孩子尝试着去做一些他们喜欢的事情，比如爬山、旅游、吃美食、看电影等，只要能唤起孩子愉快情绪的举动，都是可以让孩子尝试一下的。

抑郁的反义词是活力，如果发现曾经活力四射的孩子变得慵懒无比、不想整理书本、任由自己的书桌凌乱不堪，就要看看他们是否抑郁了。

3. 尝试控制自己的消极情绪

抑郁的孩子很容易被自己的消极情绪主导而出现悲观、伤心、疑神疑鬼等问题。他们不管做什么事都觉得自己无法成功，好像前面有一种无形的阻力挡着自己。

当孩子的消极情绪可以受控制的时候，那只是有些消极的情绪；如果孩子无法控制自己的消极情绪，就要带他去看一下心理医生了。

4. 抑郁情绪存在了多久

孩子的情绪处于不断变化中，当孩子出现不良情绪时，一定要记录不良情绪出现的周期。如果不良情绪出现的周期短，且持续时间短，就说明孩子只是陷入了不良情绪中，只要进行适当调节就能帮他恢复正常；如果感知到的不良情绪不受主观控制又无法自然消除，且消极悲观的情绪持续两周以上，就要考虑孩子是不是抑郁了。

◆青少年抑郁与成年人抑郁的区别

青少年抑郁的临床症状与成年人基本相似，但因其处于不同成长阶段以及不同文化背景中，其症状表现会有些差异。

随着年龄的增长，青少年出现抑郁症状、精神性症状和功能损害的概率就会相应增大。相比之下，焦虑、恐惧、躯体症状在青少年中更为多见。

青少年的抑郁情绪不一定通过言语表达出来，有时可能突出地表现为发脾气或出现某些不正常行为。若他们出现精神性症状以幻听为主，像成年人那样出现妄想，可能与他们儿童时期认知功能未发育成熟有关。

与成年人相比，青少年抑郁更容易出现睡眠及食欲紊乱，而较少出现自主神经症状；相比之下，患有抑郁症的成年人则容易在多个场合表现出明显的攻击、破坏，甚至暴力行为；抑郁和性别无关，无论是攻击行为的发生率还是表现形式，男性患者与女性患者相比，都没有明显差别。

除情绪低落是抑郁症的主要症状之外，还需要从患者的主观体验和躯体症状两方面加以考虑。躯体症状在青少年抑郁症中相当突出。在一项对162名8—18岁青少年抑郁症患者的临床研究中发现，近七成患者至少有一种导致功能损害的躯体症状，其中以头痛最常见，其他如胸痛、胃痛、腹痛、震颤及视力模糊等也很常见。成年人抑郁症常见的表现如：体重减轻、食欲下降、睡眠障碍、自卑、自责和自罪。这些症状在青少年抑郁症中并不常见。然而，情绪波动大、行为冲动、易激惹、发脾气、离家出走、学习成绩下降和拒绝上学等症状却十分常见。

青少年抑郁与成年人抑郁有着相似的症状表现，但也有一定的差异性。这种差异性可以帮助我们从不同角度去识别深受抑郁困扰的青少年释放出来的危机信号，及早发现，及早干预，及时帮助他们恢复正常的生活，回归社会，发展自我。

青少年抑郁和成年人抑郁的一个重要差别就是：成年人拥有更多的自由，包括财富自由和生活自由，他们没有父母和学校的监管，有更多的方式和途径去释放和消化自己的负面情绪。青少年则不同，学校的规章制度、繁重的学业压力、父母的教育方式和同龄人之间的相处模式等诸多方面限制着他们，没有办法像成年人一样用旅游、玩手机、打游戏、聚餐、健身或聚会等方式来释放压力。相较于成年人，他们更需要家庭的理解与支持。

当青少年出现抑郁情绪的时候，往往伴随出现烦躁易怒、上课走神、成绩大幅下降、失眠多梦、社交活动减少、自我封闭、与家长分庭抗礼等问题。如果父母将这些迹象归类为青春期叛逆的正常现象，就很容易错过干预的最佳时期。

◆青少年抑郁不加有效干预，后果不堪设想

孩子在每个人生阶段都承担着特定的心理发展任务，各个阶段任务完成得好坏直接影响了其以后的心理发展。

青少年时期主要面临两个心理发展任务：

1. 青少年时期需完成和家庭的分离过程

跟父母分离后，孩子就不再享有"孩子般的特权"，而是需要承担更多心理发展任务，更多时候面对一个人的世界。对心理发育未成熟的青少年来说，这是一件非常困难的事情。

为了对抗即将到来的分离焦虑，青少年经常会采用种种行为化的方式来应对：撤退，转身回避，变得狂躁，甚至采用性行为的方式。在极度孤独感的驱使下，有些孩子会快速地寻找新的关系，即使这种关系不好或者

是受虐的；有些孩子则会采取回避的方式，退回到自己的房间、手机游戏的想象世界中，通过虚拟或想象的世界来取代真实的困境，以此来对抗分离的感受。

2. 青少年时期是获得自我身份的重要时期

青少年时期的另一个主要任务是建立有别于父母的自我身份，从而实现其个性化的存在，需要重新建立孩子与父母的关系，同时整合对父母的情感。

建立了新关系后，在与他人的互动中，孩子就能看到自己，既能在保留自己观点的同时接受他人的观点，也能在做自己的同时反思自己。因此，早期是否形成自我身份对孩子能否顺利度过青春期是很重要的。如果早期亲子关系存在问题，青少年很容易抑郁。不但过分纠缠的早期亲子关系与青春期抑郁存在高度相关性，非常疏离的早期亲子关系与过早的性行为或者吸毒、酗酒也都高度相关。如果青少年将情感亲密与性行为混为一谈，其情感需求就被幻想所驱使。不合理的幻想很容易导致关系的破裂，孩子就会产生被抛弃的感觉。

当患有抑郁症的青少年在努力应对自己所遭受的情感痛苦时，可能出现许多严重的问题。尽管以下描述的行为并非抑郁症患者所独有，但明确这些行为可以引起人们对抑郁或其他情绪障碍的重视。

1. 别人不喜欢

处于抑郁状态的青少年，通常喜怒无常，不爱说话，可能会长时间处于消极状态，甚至对他人蔑视。人们一般都不喜欢跟这样的人交往，因此抑郁中的孩子很容易受到同学或朋友的排斥。

2. 学习成绩下滑

抑郁症会让孩子很难在学习环境中充分发挥作用，比如注意力不集中、缺乏兴趣、疲劳、情绪波动和毫无价值等，从而影响学习成绩。成绩下降可能表明孩子正深陷于抑郁症的苦恼中。

3. 社交问题

抑郁的孩子一般都无法跟他人友好相处，他们不愿意与人交往，讨厌同学之间的交流；即使有人找他们玩，他们也可能会向后退缩，进一步导致被孤立。

4. 危险行为

抑郁的孩子有可能会从事一些危险行为，比如为了宣泄情绪而骑快车（自行车）。如果家长不加以制止和引导，很容易让孩子处于危险境地。

5. 暴力对待他人

自我厌恶的孩子可能会将愤怒引向他人，而这种行为会导致青少年更深度的抑郁发作。一般这种孩子有着较强的攻击性，容易出现想揍人的想法，有时一言不合就会对同学或朋友挥拳相向。

6. 持续抑郁

不及时解决孩子的抑郁问题，随着孩子年龄的增长，这些问题可能会反复发作，甚至变得更严重。这种情况持续得时间越长，对孩子身体各项机能的影响就越大。

第二章　青少年抑郁的主要表现

细节说明一切，父母应该从细节上关心孩子的成长。当孩子出现以下几种情况时，家长应该主动带孩子去咨询儿童心理医生，听听心理专家的意见。早发现早治疗，通过心理疏导完全可以将轻度抑郁顺利治好。

◆自我封闭：没有朋友，不交流，不回应

在这个世界上，有两种孩子比较极端：一种孩子是不爱说话，总是把自己关在狭隘的世界里，安静，不调皮，不捣蛋，几乎不会让父母担心，不会做出出格的事情；另外一种孩子则爱说话、爱表达，容易顶撞父母，甚至会与父母发生些小冲突。作为父母的你，会喜欢哪种性格的孩子呢？

相信很多父母都会喜欢第一种，虽然孩子不爱说话，但父母不用操心

太多。不过，如果孩子不说话、不表现，父母是很难发现他们心里到底在想什么的。其实，这不是孩子懂事，不提要求，而是孩子没有主动表达，家长根本就不知道孩子心里在想什么。这类孩子出现问题的可能性比第二种孩子更大，比如陷入抑郁。因为，自我封闭是抑郁的典型特征。

兰峰今年15岁，性格内向，平时不喜欢说话，人多的时候则会显得异常紧张。兰峰不善于结交朋友，也没什么朋友，平时都是一个人独来独往。

只要放学回家，他就一个人憋在屋子里看书，没有同学找他，他也不找别人，即使是节假日，也待在家里，郁郁寡欢。有时妈妈看到他学习挺累，就叫他出去找同学玩，他却说："找谁呀，没人可找。"看着闷在家中的儿子，妈妈非常着急。

从初二上学期开始，兰峰经常把自己反锁在房间里，整宿整宿地玩手机游戏，情绪敏感暴躁，不得不停学在家。同时，兰峰不吃药、不说话、不运动，也不看心理医生，把自己封闭起来，妈妈感到无能为力，很痛苦，又无可奈何。

看到儿子的问题越来越严重，妈妈很担心："这样下去该怎么办呢？孩子的前途在何方？会不会一辈子就这样了？着急啊！"

父母唉声叹气，不知如何应对，终日以泪洗面，非常绝望；脾气稍急躁的，尤其是父亲，如果多次跟孩子说话未得到回应，可能就会猛砸房门，甚至破门而入，对孩子破口大骂，从而引发激烈的亲子冲突，导致问题更加严重。

不过，只要冷静下来，父母都会积极寻找解决方法。陷入抑郁困境中的青少年一般放学和周末都会把自己关在屋子里不出门，既不和同学交往，也不吃饭，甚至会嫌父母烦，几乎不跟父母交流，有时候还会昏睡一整天。

要想引导孩子从抑郁中"走"出来，父母首先要了解目前孩子到底属于以下哪类情况：

1. 孩子已经被确诊了心理精神性障碍，且病情非常严重

孩子表现出来的情绪、行为、想法都十分异常，情况危急。虽然孩子没有伤害自己的意图，但有明显的妄想、幻觉等精神病性症状，行为和思维表现明显异于常人。有的孩子可能会听到指责、嘲笑自己的声音，甚至出现命令性幻听，继而根据幻听的指示做出极端行为；有的孩子则有严重的被迫害妄想症，认为别人监视自己，想加害自己，比如认为饭菜中下了毒，拒绝进食。这些情况都十分危急，一不留神就可能发生悲剧。

2. 孩子未曾就医确诊，但有显著的心理问题

大多时候，孩子会表现出意志消沉、消极悲观、郁郁寡欢、拒绝与外

界接触和交流等行为。这类患者虽然自我封闭，但发生意外和悲剧的风险不高，父母也有较多的时间和空间去寻求理性科学的解决方案。

这里我们重点说一下对于第一类情况的孩子，父母到底该怎么办？

这种情况非常危急，父母一定要陪护和留意孩子的动态，设立底线思维，并在合适的时机用理性、平和的方式把这个底线思维告诉孩子。这个底线是什么？那就是孩子绝不能伤害自己或他人，更不能做绝食等严重威胁生命安全的事情。否则，为了挽救孩子生命，父母完全可以采取强制方法让孩子接受心理治疗。

有绝食行为的孩子了解了父母的态度后，也就有了心理准备，很可能就愿意面对问题了。如果孩子依然没有改变，或者是患有精神病性症状，底线思维对他们就不适用了，那怎么办呢？

父母可以利用手中的相关资源请到专业的心理咨询专家到家里出诊，尤其是可以请有心理干预经验或危急心理干预经验的心理学专家。原因在于，在孩子不愿交流、缺乏求知动机的情况下，如果把他们强制送往医院，很容易恶化亲子关系，而采取强制医疗措施可能对孩子造成一定的心理伤害。因此，把心理学专家请到家里进行诊察是最好的方案。

◆ 情绪低落：对生活失望，厌恶自我

随着孩子慢慢长大，他们总会离开父母，跟社会进行更多的接触。孩子领略了多姿多彩社会生活的同时，也会产生很多烦恼，比如他们会和父母说"某某骂我""同学嘲笑我""某某不和我玩"……父母都希望孩子的人生轻松快乐，看到孩子心情沉重，多数父母都恨不得帮孩子解决所有的问题。然而，这是错误的，因为孩子很可能已经陷入了抑郁的怪圈。

高二考试结果出来，女孩发现自己的成绩下降了。虽然班主任安慰她这次考试大家的成绩都不太理想，但女孩仍然感到焦虑不安。她对自己的能力产生了怀疑，焦虑一直持续到周末回家。

父母发现了女孩的沮丧，对她说了些鼓励的话，但是女孩的心态仍然没有改变。在父母看来，不就是考试成绩不理想嘛！我们都安慰你了，你还难过？

为了安慰女儿，父母越说越跑题，有些话变得越来越难听。他们通过安慰变相地表达了对女孩的不满，话中还带有很多抱怨。女孩感到更加难过，和他们大吵一架回到学校后，感到更加委屈。

在之后的学习中，女孩就再也提不起兴趣了。

案例中的女孩是一个非常坚强的孩子，如果没有父母过多地干扰她的情绪，她完全可以自己进行调整。父母本来想安慰她，但无休止的谈话，却成了伤害女孩的导火索。

抑郁的孩子通常都会有这样的经历：过去自己的性格顽皮好动，喜欢跟同学打打闹闹，现在慢慢地变得沉默寡言；原来自己对新鲜事物有着浓厚的兴趣，现在却提不起兴致，对于很多事情都表现得很消极。他们总是表现出负面或自卑情绪，对生活失望，厌恶自我，比如说自己一无是处，在学习或与同学相处时表现出极大的自卑心理，喜欢向父母抱怨自身的缺陷，甚至埋怨父母，总是说一些消极厌世的话。

其实，孩子感到沮丧时，很多时候是因为父母踩到了以下雷区：

1. 家长太唠叨，孩子无法消化

孩子是一个独立的个体，他们有自己的想法，希望遇到挫折或悲伤时能够独自克服负面情绪，自行成长。此时如果父母不停地说话，就剥夺了孩子的自我消化权，下次他们再难过时很可能就无法调整过来。

2. 毫无意义的安慰加深了孩子的悲伤

一些父母非常擅长说话，可以深刻地对待问题且非常了解孩子的想法，当孩子与他们交流时，可以放松自己的心情。但是这样的父母毕竟是少数，多数父母是普通人，而不是心理学家，既不了解孩子的想法，也不知道孩子究竟为何伤心。在这种情况下，父母不停地说话，对孩子来说毫无意义，甚至还会加深孩子的不适感。

3. 情绪失控，从安慰到指责

由于生活经历不同，孩子和父母对同一事物的看法也不同。在许多情况下，虽然父母不知道孩子的想法，但他们想知道孩子的想法。特别是当孩子的情绪发生很大变化时，父母都会将其视为重要事件且必须解决。然而，两代人的想法毕竟不同，容易出现意见分歧、沟通不畅，这时的父母很容易情绪失控，从而对子女使用诅咒和抱怨之类的词语，这样只会适得其反。那么，父母应该如何对待孩子的抑郁呢？

如果想更有效地安慰孩子而不走入雷区，就要对孩子的抑郁有一个清晰正确的认知：

（1）认识情绪。像幸福和快乐一样，抑郁是每个人都会遇到的一种情绪，它并不可怕，且可以直接谈论它。

（2）认清自己。父母不能代替孩子长大，也不能代替孩子感受不适，要给孩子提供调节情绪的机会。

（3）相信孩子。孩子不是温室里的花，为了成长，他们需要经历不同的情绪并承受负面情绪。父母要做的就是相信自己的孩子可以做好，不要随意指点。

4. 引导孩子以正确的方式表达低落情绪

想要减少抑郁的出现，就要想办法将孩子从低落的情绪中拉出来。具体方法如下：

（1）了解孩子抑郁的原因。孩子情绪不对，肯定是由一定的原因引起的。有些事件会导致抑郁，孩子们不一定愿意亲自表达并回忆事件。因此，如果父母想了解背后的原因，可以向同学、老师、朋友等询问。同时，要从侧面引导孩子，不能直白地说"要开心"。

（2）只给孩子适当的照顾。父母要让孩子知道"我正在关注你的情绪，你可以依靠我，可以与我交谈，也可以向我寻求帮助。但是，如果你想自己处理，我更会在没有过多干预的情况下为你提供支持"。在处理情绪的过程中，最忌讳的是父母做孩子应该做的事情，却没有帮助孩子缓解不良情绪。

（3）默默地滋润孩子的心灵，不能为了安慰而安慰。如果孩子确实不能很好地处理不良情绪，父母必须为他们提供帮助。但是，要安静地提供帮助，不要将安慰直接写在脸上，也不要为了安慰而安慰。可以给孩子讲一个故事，用知识来净化他的心灵；可以带孩子出去放松身心，欣赏美丽的风景，并利用广阔的自然环境治愈心理创伤；可以带孩子做他喜欢做的事情，使其幸福地摆脱损失；还可以与他安静地坐会儿，拥抱他，让他感受到爱，并用爱治愈他……

◆反抗父母：跟父母对着干，对父母发火

在心理学中，有个名词叫"仇亲期"。精神分析理论学家将青少年到了七八岁后经常会跟家长对着干、不听话的这段时期称为"仇亲期"，通常这段时期会持续2—3年。在成长道路上的孩子，总会经历各种时期。到了青春期，孩子的思维会发生一定的转变，他们自我意识觉醒，对父母的依赖感会降低，但是因为孩子的"三观"还未完全建立，会认为父母是在束缚自己，就会出现和父母对着干的情况。

任何孩子都会出现这种情况，但对于"跟父母对着干"的表现，还有一种可能就是孩子患了抑郁症。他们情绪失控，无处宣泄，只能向父母表达自己的愤怒和不满。

笔者无意间看到过下面这样一个视频，感触颇深。

一个小伙子从14岁离开家，在外独自闯荡，10年间未曾回过一次家。主持人问他："为什么不回家？"他微蹙眉头，说："我就是想报复我的父母。"原来，在他儿时的回忆里，充斥着父母的打骂和自己的无助。让他至今都无法释怀的一件事是：

上小学时，因为他长得瘦弱，经常遭同学欺负，但他从来不告诉父母，因为跟父母说了，也免不了挨打。有一次，他被同学打到右手脱臼，放学后，他自己无法收拾书包回家。老师看到教室里只剩他自己，就问他："怎么还不走？"他没跟老师坦白事实，只是说不小心撞到了桌子。老师帮他把书包整理好，原本20分钟的回家之路，他足足走了2小时。由于回家晚，男孩又遭到了父母一顿责备和辱骂。从那时起，他就暗暗下定决心：让自己变得强大，不让别人欺负自己。

男孩想学武术。他默默地攒了两年卖废品的钱，终于凑齐了路费和学费，之后跑到河南嵩山学武。到了河南嵩山后，由于年龄小不适应，只能再次跑回家。到家后，父母并没有问他为什么跑去学武术，而是骂他不好好读书，净整些没用的。

于是男孩再次决然地离开家。这一次，他再无音讯。

在父母看来，男孩不努力读书，只知道舞刀弄棒，不务正业，觉得不打他不会长记性。他们不但没看到自己的问题，还埋怨孩子不听话，不好管教。难怪男孩不愿意回家！

在日常生活中，总能见到这样的情形：不管你说什么，孩子都不肯听，让他写作业，他非要看电视；让他睡觉，他偏要玩游戏；让他哄妹妹玩，他不弄得妹妹大哭一场就不罢休……为什么孩子总要和父母对着干？

讲道理没用，打骂也没用，该用的手段都用上了，即使当时有效，可到了明天或后天，相同的戏码会再次上演，让人崩溃至极。

其实，孩子和父母"对着干"是他发出的求救信号，他们的"报复"来源于他们的自我抗争，而惩罚恰恰是最不可取的一种应对手段。当孩子受到父母严厉的管教或缺少家庭的温暖时，性格就会变得抑郁。到了一定年龄，他们就会和父母"对抗"，处处和父母对立。轻者表现为懒得起床和吃饭，不收拾房间，不和父母说话；严重的则会大哭大闹，离家出走，跟父母翻过去的旧账，要与父母一刀两断等。

如果孩子小时候一直在压抑自己的情感需求，他们长大后内心有力量表达诉求了，就会一次次地反抗父母。他们的每一次呐喊，都是内心积压不公的表达；他们的每一次愤怒，都是自我的挣扎与反抗；他们的每一次对立，都是在对父母说"救救我"。

我们要拨开孩子"反叛"表面的薄雾，看清背后的原因，而不要只是讲道理和发脾气。只有对症下药，方能根治。孩子经常对着干的背后，是想要得到父母的认同和自我归属。明白了这点后，只要做到以下三点，就能化解孩子的"反叛"：

1. 避免还击

在电影《克莱默夫妇》中有这样一个情节：

塞斯爸爸正在被加班搞得焦头烂额，塞斯却偏偏把饮料洒在了文件上，爸爸火冒三丈。塞斯本来一脸愧疚，正要道歉，爸爸却大吼："你怎么总跟我捣乱，我恨你！"爸爸的怒吼让塞斯觉得自己很没用，内疚转变成了生气，委屈地对着爸爸喊了一句"我也恨你"，然后哭着跑开了。

有时候，孩子并不是故意做错事情，而父母的责备与惩罚会抹杀了他们内心的自我认同。因此，当孩子为自己做错事而内疚时，父母尽量不要还击，只要做个听众，肯定孩子即可。

2. 反射式倾听

顾名思义，将自己看到或听到的信息反射回去，走进孩子的内心世界，就是反射式倾听。可以先照顾一下孩子的情绪，再进行启发式提问。比如："你看起来很伤心，能和我谈谈吗？""你的行为告诉我，你一定受到了伤害，能说说吗？""你看起来不对劲，能告诉我发生了什么吗？"最关键的是，要理解孩子的想法，而不是简单地将你的观点直接告诉孩子。

3. 看得见孩子的长处

日本哲学家岸见一郎说过："孩子的短处或缺点就像是黑暗，你越想通过批评来纠正错误，黑暗就越无法消除。相反，如果投之以光明，看得见孩子的长处，黑暗就会慢慢消失。"想想看，你眼中的孩子除了有让你抱怨的缺点，是不是还有其他优点？比如：他表面强硬，内心却很善良；虽然他调皮，但人际关系特别好；虽然他成绩不好，但很努力。这些优点都值得被看见、被鼓励，而不是被忽视。

美国儿童心理学家简·尼尔森（Jane Nelsen）曾指出，成年人和孩子一样，同样会出现缺乏知识、意识和技能等受"原始脑"操纵的不良行为。孩子和你对着干时，你有没有受"原始脑"的控制轻易发怒，甚至动手惩罚呢？如果你的行为是一种不良行为，怎么能要求孩子改正错误呢？从现在开始，转变对孩子的偏见，用倾听和接纳来了解他们的想法，用理解和耐心来纠正他们的错误。只有这样，你才不会纠结于孩子和你对着干的表象，而会看透他和你"唱反调"的本质。孩子有了爱的滋养，内心不再是荆棘，自然会向你倾诉。

◆成绩突降：成绩突然大幅下滑，可能是心理出现了问题

原本孩子成绩优异，最近一段时间却突然大幅度下滑，对学习也提不起兴趣，这不一定是他的学习出现了问题，可能是孩子的心理产生了一些问题，家长要重视起来。

学习成绩下降是青少年抑郁的常见表现。抑郁会分散孩子的注意力和精力，让他们在课堂上无法集中，总是打瞌睡或觉得听不懂，从而导致成绩下滑。

有些抑郁的孩子则会表现出上学困难，比如频繁迟到、总是带不齐上学要的东西、逃课或拒绝去学校等。很多心理学家发现，抑郁是和上学困难联系得最为紧密的情绪问题。出现上学困难的孩子通常有明显的抑郁情绪，困难越大，孩子的抑郁情绪越严重。

在电视剧《女心理师》里，蒋静就是一个被母亲"圈养"了30年的女孩。

蒋静从5岁开始，就被妈妈逼着学钢琴，无论寒冬酷暑，每天都要练习10小时以上。如果有时候没弹好，妈妈就在边上一遍遍叫着重来，不弹好就不让吃饭。蒋静稍有不满，妈妈就会一顿炮轰："长本事了你？跟谁学的啊？"

不仅如此，妈妈还全方位地监督、控制蒋静，比如穿什么衣服、梳什么发型、交什么朋友等，她都要过问。甚至蒋静成年后，妈妈还留有她房间的钥匙，方便随时进出。

有一次，蒋静偷偷打鼓，结果被妈妈发现。妈妈一上来，不管三七二十一就把鼓槌扔了，质问她出门为什么不告诉自己："你是我身上掉下来的肉，你做什么都得告诉我！"

妈妈强势的爱压得蒋静喘不过气来，长期的压抑导致她患上了暴食症。绝望之余，她写好遗书，砸了妈妈买给她的所有东西，嘶吼道："我根本不想拿什么一等奖！我根本不想弹钢琴！我再也不想活成你想让我成为的样子，我不想要这样的生活！"

抑郁状态的孩子会因为多种原因而情绪低落，时常有无意义感，做任何事情都感觉不到快乐；他们感到人生绝望，内心痛苦。这类孩子往往在认知层面存在偏差，例如：有的孩子学习成绩很好，但是对自己的要求很高，在班级里只要成绩不能拔尖，就觉得很苦恼，不能面对自我；有的孩子学习成绩不好，认为老师、家长或同学总是针对自己，看不上自己，内心极度自卑，只要上学，就觉得痛苦。这些想法都会让孩子在痛苦中不能自拔，情绪持续低落，感觉活着无意义。

一般来讲，如果孩子不愿意上学，大多数情况都属于心理疾病的范畴，尽管孩子不去上学都有自己独特的理由，但客观上来讲，都是因为患有比较严重的心理问题而丧失了社会功能。遇见此类问题，一般家长都无法单独解决，应该向专业且经验丰富的心理医生寻求帮助。

如果孩子拒绝看心理医生，家长应该向孩子阐明看心理医生的目的是寻求帮助，要尽可能地与孩子建立良好的平等沟通关系，让孩子信任家长。

此外，作为家长，应该降低对孩子的学习要求，让孩子减轻学习压力，尊重孩子，同时也不要把生活中的不良情绪传递给孩子。从某种程度上讲，人生的幸福与学习成绩往往没有关系。

◆兴趣消失：对过去喜欢的东西少了兴趣，可能就是抑郁

以前有些孩子可能喜欢唱歌、跳舞、打球、画画等，现在他们都不再喜欢，几乎对这些都提不起兴趣，甚至在交谈中还会提到"活着没有意思"等想法。这时候，孩子可能就是抑郁了。

"我所有的兴趣都消失了，什么也不想做，就连以前最喜欢的画画，也提不起兴趣了！"

"我不想见任何人，最好的朋友也不想见，现在连接电话的力气都没有！"

"我以前喜欢把房间打扫得干干净净，现在我连脸都懒得洗！"

其实，孩子不是懒，也不是矫情，更不是想多了，而是抑郁了。

被抑郁症状缠身的人，不同的人，会有不同的表现，主要表现就是感觉身上所有的力量都在消失，比如注意力分散、记忆力下降、意志力消散等。

缺乏兴趣是抑郁症患者的一个典型表现，他们做事提不起兴趣，因为抑郁的存在剥夺了他们感受幸福的能力。同时，他们对以前喜爱的活动缺乏兴趣，比如他们从前喜欢户外运动，现在即使同学百般邀约，他们也会推脱，对户外运动提不起兴趣，毫无兴致。周末只想整天躺在床上，不进行体育锻炼，给人一种死气沉沉的感觉。有些孩子甚至还不想见到任何人，其中包括亲人和朋友。

如果做事缺乏动力，体验不到快乐，这时候就容易变得抑郁。比如：孩子表面上是在做着以前喜欢做的事情，却总感觉有些地方不对劲儿，感觉浑身无力，为了找回以前拥有的快感而反复体验，为了消磨时间，为了从悲伤中走出来……这种机械的、完成任务似的体验并不会让孩子感受到幸福。

处于抑郁状态中的孩子不管是对以前喜欢的事物缺乏兴趣也好，还是对以前喜欢做的事情缺乏快感也罢，这些都是不正常的表现。出现这种现象，孩子生活中会有毫无价值感的体验，他们感受不到生活的美妙和快乐，也享受不到生活的美好和乐趣，感受幸福的能力被抑郁剥夺了，这也许正是处于抑郁状态中的孩子真正悲哀的地方！

如果在你家孩子身上出现了以下这些症状，就一定要注意了：

（1）孩子原本喜欢体育运动，不知道出于何种原因，突然就不再喜欢了，比如不踢足球了，不跑步了……

（2）孩子原本喜欢读课外书，突然就不喜欢读了，甚至还将课外书直接封存，眼不见为净。

（3）孩子原本喜欢穿休闲装和运动装，却突然开始关注嘻哈风格的穿着。

（4）孩子原本喜欢某首歌曲，突然就不喜欢了，甚至还觉得难听。

◆表情迟钝：眼睛没神采，面部表情较少

抑郁的主要特征就是持久的心境低落。抑郁的孩子一般都表情淡漠、情绪消沉、闷闷不乐、悲痛欲绝、自卑抑郁，甚至悲观厌世。

心情糟糕是抑郁症最明显的表现。虽说孩子本来就喜怒无常，但是如果长期处于心情糟糕的状态中，就不太正常了，这已经不是情绪的问题，而是心境转变了。如果孩子总是面无表情或愁容满面，甚至总是哭，并对小事十分在意，作为家长，千万不能忽视。

处于抑郁状态的孩子一般眼睛都没有神采，面部表情较少，言语不多，不愿与家长交流，肢体动作也很少。他们对周围的一切都缺乏感觉或兴趣，这跟他们自身的心态有关，且有一定的习惯性。

相由心生，表情淡漠的孩子一般都内心沉重，整日都感到忧心忡忡，愁眉不展。情况严重的，孩子还会感到忧虑沮丧，唉声叹气，悲观失望，感到生活乏味，甚至认为生不如死。时间长了，表情淡漠就会成为抑郁的

典型症状。

如果你家孩子出现以下这些症状，就一定要注意了：

（1）为了活跃气氛，老师讲了几个笑话，同学们都笑了，你家孩子却一脸木讷。

（2）你让孩子去做某件事，孩子却毫无反应，既不说话，也没有表情。

（3）参加亲戚的结婚庆典，主持人说了一段煽情的演讲词，众人鼓掌，你家孩子却盯着餐桌，目光呆滞。

◆脾气暴躁：为了一点儿小事大发雷霆或摔东西

随着孩子抑郁程度的加重，淤积在心里的情绪得到宣泄，如果家长对于孩子的情绪变化没有觉察，只关注其学业，孩子就会通过摔东西等方式来宣泄压力。

有一篇纪实报道讲述了一位 14 岁少女罹患重度抑郁的经过：

初一那年暑假，没发生什么特别的事情，突然之间，女孩就对身边的一切丧失了兴趣。女孩整日睡不醒，整个人的情绪也变得非常暴躁，不受控制。

初二开学，女孩上课总是打瞌睡。有一次老师点名提问她，她接封存，眼不见为净。

（3）孩子原本喜欢穿休闲装和运动装，却突然开始关注嘻哈风格的穿着。

（4）孩子原本喜欢某首歌曲，突然就不喜欢了，甚至还觉得难听。

◆表情迟钝：眼睛没神采，面部表情较少

抑郁的主要特征就是持久的心境低落。抑郁的孩子一般都表情淡漠、情绪消沉、闷闷不乐、悲痛欲绝、自卑抑郁，甚至悲观厌世。

心情糟糕是抑郁症最明显的表现。虽说孩子本来就喜怒无常，但是如果长期处于心情糟糕的状态中，就不太正常了，这已经不是情绪的问题，而是心境转变了。如果孩子总是面无表情或愁容满面，甚至总是哭，并对小事十分在意，作为家长，千万不能忽视。

处于抑郁状态的孩子一般眼睛都没有神采，面部表情较少，言语不多，不愿与家长交流，肢体动作也很少。他们对周围的一切都缺乏感觉或兴趣，这跟他们自身的心态有关，且有一定的习惯性。

相由心生，表情淡漠的孩子一般都内心沉重，整日都感到忧心忡忡，愁眉不展。情况严重的，孩子还会感到忧虑沮丧，唉声叹气，悲观失望，感到生活乏味，甚至认为生不如死。时间长了，表情淡漠就会成为抑郁的

典型症状。

如果你家孩子出现以下这些症状，就一定要注意了：

（1）为了活跃气氛，老师讲了几个笑话，同学们都笑了，你家孩子却一脸木讷。

（2）你让孩子去做某件事，孩子却毫无反应，既不说话，也没有表情。

（3）参加亲戚的结婚庆典，主持人说了一段煽情的演讲词，众人鼓掌，你家孩子却盯着餐桌，目光呆滞。

◆脾气暴躁：为了一点儿小事大发雷霆或摔东西

随着孩子抑郁程度的加重，淤积在心里的情绪得到宣泄，如果家长对于孩子的情绪变化没有觉察，只关注其学业，孩子就会通过摔东西等方式来宣泄压力。

有一篇纪实报道讲述了一位14岁少女罹患重度抑郁的经过：

初一那年暑假，没发生什么特别的事情，突然之间，女孩就对身边的一切丧失了兴趣。女孩整日睡不醒，整个人的情绪也变得非常暴躁，不受控制。

初二开学，女孩上课总是打瞌睡。有一次老师点名提问她，她回答不出问题。于是，青春期的敏感、自尊……各种小情绪混杂在一起，压在她的心头，无处倾诉，她从此就无缘无故地跟同学发脾气，跟家人发脾气。

同桌坐了她的座位，她会说："真不要脸，滚回去！"

同桌无意中碰了她，她会用力推一下对方，理由是："谁让你先撞我的！"

妈妈做的饭，她觉得不满意，就踢凳子、摔碗。

爸爸说她一句，她就会用力摔门，然后关上！

妈妈很快发现了女儿的情绪异常，不知道该怎么办。

抑郁的孩子，经常会为了一点儿小事大发雷霆或摔东西。家长要注意，一旦孩子出现脾气暴躁等问题，不要责备孩子，要先耐心地问清楚原因。如果孩子长期脾气暴躁，得理不饶人，很可能是抑郁了，一定要及时引导孩子从那种状态中走出来。

心理研究表明，当孩子的消极情绪越多，他们从疼痛消退中获得的解脱感也就越强烈。抑郁状态中的孩子之所以会脾气暴躁、摔东西，是因为他们可以暂时从痛苦中获得解脱，释放负面情绪，得到片刻的放松。

如果孩子经常体验到较多的负面情绪，尝试了常见的减压方式又无效，急切地想摆脱消极体验的话，就很容易变得暴躁而摔东西，在生理疼痛中暂时释放负面情绪。

然而，发脾气和摔东西并不是正确的情绪宣泄方式，可能还会弄巧成拙，酿成祸端，如果没有及时发现和引导，最终可能会造成更大的伤害。对于脾气暴躁的孩子，要引导他们加强自我矫治，必要时介入心理干预，帮助他们摆脱这种危险的宣泄方式。

青少年刚开始发脾气时都是有意识的，后来会发展到无意识。如果孩子有这类倾向，父母该如何引导呢？

1. 倾听孩子的心声

孩子脾气上来，有时家长根本就无法控制住，这时候就要认真倾听他们的声音，让他们将自己的想法说出来。父母是孩子可以信赖的人，平时要多抽些时间陪孩子，多关注他们。遇到问题时，要学会与孩子耐心沟通，倾听他们的心声，不要总是以家长的姿态打压孩子。

2. 帮孩子认清发脾气的危害

当孩子发脾气时，要给孩子讲清楚肆意发脾气的不良后果，让孩子知道：这样做不但不能解决问题，还会对他人造成伤害，甚至给自己以后的生活带来很多麻烦。

3. 提高孩子的自信心和勇气

如果孩子总是无缘无故地发脾气，就要引导他们提高自信心和勇气。比如：有意识地让孩子去做一些简单且擅长的事情，做好后要及时给予肯定和表扬，让孩子从成功之中找回自信，从而增加其做事情的勇气。

4. 教孩子正确宣泄情绪

当孩子出现负面情绪的时候,我们要引导孩子采用正确的方法宣泄出来,比如感到委屈或遇到不顺心的事情时,可以和父母诉说,也可以和好朋友谈或者放声大哭等。

第三章　引发孩子抑郁的主要原因

◆高度敏感：青少年本身存在的高敏感心理

抑郁的孩子情感变化非常明显，面对一些事情时，比别人情绪波动更大，就连去上学跟父母分别的时候，也会撕心裂肺地哭泣；跟长时间不见面的人相见的时候，会激动得泪流满面。他们的情感更为细腻，善于捕捉别人的小情绪和想法，自身也非常敏感。

这类孩子一般都比较内向，不喜说话，缺乏安全感，十分在意他人的评价和感受，容易受伤，别人的一句话、一个眼神或一个动作都可能让他们多心；他们不爱表达自己的需求，会压抑自己的感受，容易出现抑郁倾向。

敏感的孩子对周围发生的事情，会从消极的方面思考，只要他人有一点儿不喜欢他或对他不公平，他都能感受到。如果孩子感觉到了，他们并不会像成人一样表现出来，往往会通过自我封闭来表示抗议。这样，原本敏感多疑的心灵就会变得更加脆弱。

到了青少年时期，孩子的心理状态会比其他时期更敏感一些，他们非常在意同学、老师和家长对自己的看法，尤其是那些负面的看法更会深深刺痛他们的内心，对其造成心理伤害，从而导致抑郁。

青少年阶段的高敏感心理会导致青少年对负面评价的高吸收性。不仅如此，只要出现一个负面评价，他们就会对自己产生怀疑和否定。在这个时期，孩子们会开始思考自己活着的意义，当他们感受不到存在的意义时就会抑郁。

敏感期的孩子具有想得多、玻璃心、多愁善感、神经质、重视细节等特点。从另一个角度看，这其实也是优点——接受信息多、考虑事情更加全面，注重细节，更善于共情。这些孩子往往具有艺术气质、洞察力敏锐、心智成熟、善于思考、做事专注、有逻辑性。

高敏感心理对孩子有利也有弊，为了减缓孩子的抑郁倾向，父母要做到以下几点：

1. 不要拿自己的孩子去和别人的孩子做比较

如果想让高敏感心理的个性在孩子的成长过程中产生积极影响，就要在家庭环境和教育方式上做一些改变。要接受孩子的状态，不要拿自己的孩子去和别人的孩子做比较，尤其是二宝出生后，更不要让孩子觉得自己是不被爱的那个，可以每天固定一个时段，作为亲子共度的好时光。

2. 用积极、正向的故事化语言引导孩子

多鼓励和肯定孩子做得好的地方，不要只泛泛地说"你真棒"之类的话。当孩子有苦恼和负面情绪时，先积极倾听。比如："你说的这件事妈妈特别理解，我小时候也碰到过类似的事情，你想不想听一听妈妈小时候的故事，看看我当时是怎么来处理这个事情的呢？"用积极正向的故事化语言给孩子做引导，既能让孩子感受到他是被认同的、被关注的，你的积极态度也能潜移默化地影响孩子。

3. 掌握可能引发孩子高敏感心理的各种因素，并尽量避免

如果密集人群会让孩子感到紧张和不适，就要尽量避免高峰出行，不去人群密集的场所。此外，可以提前将有助于孩子摆脱焦虑、平静下来的方法教给孩子，比如深呼吸。

总之，面对高敏感心理的孩子，父母不能因为孩子敏感就觉得丢脸，认为他们需要锻炼和磨砺。父母要坚定地和孩子站在一起，告诉他们："你是多么的特别和珍贵！"

◆内心脆弱：孩子心理脆弱，稍遇挫折就容易诱发抑郁

如今，关于青少年因心理承受压力弱而轻生的新闻总会引起社会舆论

的广泛关注，主流观点认为"病"在孩子，"根"在父母，父母的教育和家庭成长环境是造成青少年心理脆弱的根本原因。

心理承受能力差的孩子性格多半懦弱、自卑、焦虑，遇到困难时如临大敌，对于自身不擅长的东西也会莫名地感到紧张不安，遭遇外界压力更加无法释放。这时，他们就会封闭自己的内心，变得抑郁、自闭，而压死骆驼的最后一根稻草极有可能是一件很小的事情，孩子因无法承受其重而选择放弃生命。

案例1：

有个5岁男孩，妈妈是他所在幼儿园的教师，男孩上幼儿园时一直被老师"特殊照顾"。结果，上学前班以后，男孩因没了"特殊照顾"便产生了一种失落感。在一次被老师批评之后，竟闹着不想上学了。

案例2：

一天，有个7岁的女孩跟同学讨论问题，同学说："这么简单的问题，你都不知道啊！"从那以后，女孩拒绝与同学和老师交流，总是一个人独来独往。

案例3：

有个小学一年级的孩子总是迟到。老师请家长到校解释。孩子回到家后，整天郁郁寡欢。

如果家长忽略了孩子的精神需求，就会导致孩子心理脆弱，从而使他们无法和家长、老师、同学等正常沟通，此时稍遇挫折就很容易诱发抑郁、走上极端。

很多家长经常会问这样的问题："我家孩子受不了一点儿挫折，玻璃心、很脆弱，怎么办？"不可否认，如今很多孩子面对社交和学习压力的时候，心理都很脆弱，缺乏面对挫折的准备和能力。

有玻璃心的孩子受到打击时很脆弱，心理的抗压能力也比较弱。很多孩子看起来很有个性、争强好胜，但他们的意志力非常弱，遇到困难就逃避，遇到失败就气馁，遇到挫折就想逃，遇到困难就想躲。害怕面对，经不起风浪和挫折。

有的孩子面对学校的规章制度、面对老师的惩罚、面对老师的批评或不公平的待遇时都会感觉到不被尊重和难以承受。其实，这些都是内心脆弱的表现。

社会飞速发展且复杂多变，心理承受力差的孩子很难面对激烈的学业竞争和复杂的人际关系。他们总是产生自我怀疑、自我否定的负面心理，这是个人发展的最大"拦路虎"。为了引导孩子走出心理脆弱的怪圈，家长可以这样做：

1. 孩子遇到挫折时给予鼓励

在家庭教育中，家长要以关系为最首要的前提，让关系成为一切教育的基础。如果没有亲子关系，想让孩子配合做一件事情，必定很难。

孩子遇到困难、挫折时，如果采用打压否定的方式，孩子不仅自己会感到很难过，还要面对你对他的批评，更会给他增加挫败感。

此时，家长正确的做法是：既要给孩子共情般的鼓励，也要适当地让孩子经历困难和挫折。

2. 让孩子正确面对考试的分数

孩子难过的背后，需要我们通过引导来帮助孩子提升。我们既要让孩子体会挫折，又要让孩子在挫折当中总结出改进的经验。

这样孩子考试不及格，并不会让他们感受到挫折带来的负面体验，反而会使其跟父母的关系越来越融洽。同时，他们解决问题的能力也会慢慢提高，继而提高了他们面对困难的勇气。

3. 放手，让孩子在自由的空间里探索

左手是自由，右手是规则。父母既要给孩子自由，让孩子感受到被尊重，鼓励他们接触社会，善于应对不可逃避的困难和挫折，让孩子有更多的机会历练；同时，又要给到孩子制定一定的规则，培养孩子的规则意识。

教育孩子，不但要给予孩子自由还要制定规则，就像国家有法律法规一样，家里也要制定家规。规则适合每一个人，对每个人都是平等的，这样的法则就叫家规。

如果家规太严格，孩子的很多天性和能力就无法发挥出来，为了避免惩罚，孩子们还会压抑自己。在家庭里面，不但要有规矩，还要给孩子一定的自由、尊重和开放度。

很多孩子的负面行为源于他内心渴望自由，当他感受不到自由时，就会来破坏规则，从而享受获得自由的快感。

◆不善交往：青少年抑郁的一大诱因就是人际关系

心理学家阿德勒认为：人的烦恼皆源于人际关系。而青少年抑郁的一个重要因素就是人际关系，青少年的人际关系主要指和老师以及和同学的关系。

有个初三的男生宿舍一共8个人，不遵守宿舍纪律的情况时常发生，主要表现为：熄灯后说话，影响了整个宿舍的同学。其他同学都是敢怒不敢言，小张实在忍耐不住，就劝他们不要说话了。结果，被两个同学记恨在心，时常找小张麻烦，宿舍说话也更大声了。小张成绩急转直下、失眠抑郁，甚至还跟父母说想回家休养。

人际关系与抑郁有着密切联系。

根据"人格理论"的原理，依赖型人格与社会奖赏型人格往往更重视自己与他人的人际关系，当人际关系失败或被他人拒绝时，可能导致其抑郁；而自我批评型人格与自主型人格更重视成就和个体的独立性，当遭遇失败或无法控制自身所处的环境时，可能导致抑郁。

不良的人际关系特别是不良的亲密关系对抑郁的出现和持续起着至关重要的作用。对于青少年来说，亲子、同伴、师生关系是他们生长过程中最主要的三种关系；而研究还发现：同伴关系、师生关系对青少年心理健康的影响已经超过了父母对他们的影响。

在学校里，重要的是学业，但对于孩子们来说，还有对人际关系的需要。如果在家庭生活中，家长没有对孩子进行人际关系方面的引导，孩子在学校里就不知道怎么和老师、同学相处，从而形成心理上的自卑。

另一个人际关系的问题是：有些孩子会成为被同学霸凌、嘲笑的对象。当一个人在团体中不被喜欢、被嘲笑或被攻击时，他要花多大的心力才能抵挡这些伤害！

为了减少孩子抑郁的出现，家长要引导孩子学会交往。

1. 如何疏导与同学的冲突

孩子与同学发生了冲突，家长要详细了解孩子的情况，问出准确的影响事件，也就是抑郁源，然后再对症下药，准确疏导。如果动不动就分析来自原生家庭的童年阴影反而会南辕北辙，不但不能解决问题，还会引起抑郁者的厌烦。

在这种情况下，家长要勇敢地站出来为孩子撑起一片天，如果有必要，还可以向学校老师或者宿管反映，越往高层反映，效果越好。让学校从整体上加强宿舍纪律，孩子就不需要自己去面对违纪行为了。同时，要帮助孩子排除敏感因素的干扰，让孩子安心。

2. 如何疏导与老师的冲突

未成年的学生往往会与任课老师发生冲突。原因多半是任课老师对学生不够了解，对学生的约束力不太强，学生干扰了老师授课，进而导致老师以不正确的态度来对待学生。有些老师素质不高，抓住学生的无意冒犯不放，屡屡打击，导致学生不堪其扰而产生厌学心理。下面这个男生就是一个典型的例子：

> 男孩平时成绩一般，有一次上数学课旁边有人说话，结果老师误以为是他跟同学说话，便指责了他，还让他站起来听课。男孩平时比较内向，脸皮也薄，感觉很没面子，坚持说自己没说话。结果，老师揪住不放，问男孩："你没说谁说的，你指出来！"男孩当然不能指出来了，只好站着听了一节课。
>
> 此后，男孩听课和做作业都故意不认真，越这样，老师对他的坏印象越深刻，于是开始为难男孩，比如检查作业、提问题……男孩对老师的偏见和误会日益加深，情绪很差，人就抑郁了，不想上学。

遇到这种情况，家长首先要了解清楚问题的来龙去脉，不要一听孩子在学校受了批评就认为是孩子的问题，更不能不分青红皂白地把孩子批评一顿。了解清楚情况后，要客观公正地对待和处理问题。如果确实是老师做错了，可以明确指出其不对的地方，然后再缓解孩子的情绪，最终把孩子的意识引导到排除干扰、安心学习的大方向上。

◆懵懂情爱：青春期情感困惑引发的抑郁

如今，早恋已经从大学延伸到了中学，甚至小学，而速食爱情更是让诸多感情经验不足的青少年倍受伤害，一旦他们感情出现变故，极易诱发抑郁。

青春期有许多特点，其中与抑郁直接相关的特点并不是逆反，而是恋爱。事实上，通常会逆反的孩子不会抑郁，反而平时表现很乖的孩子才会抑郁。

与抑郁最直接相关的因素就是失恋或无法去恋爱。有一位家长发出了这样的困惑：

> 我女儿高中时因受失恋刺激而成绩下降，退学并得了重度抑郁，药吃了，也做了心理疏导，都没有好转，整日恍惚贪睡，需要24小时轮流陪护，家长总是提心吊胆，不知道该怎么办。

恋爱分手时，被分手的一方一定会感到非常痛苦，很容易陷入抑郁的情绪中。因为被分手的一方会觉得自己被对方抛弃了，自尊心会降到最低点，认为自己不被喜欢，自我价值感受到削弱，短时间内陷入抑郁当中。

实际上，这是人的一种自我保护机制，不想去学校也是为了避免触景生情。比如：孩子在学校里看到自己曾经喜欢的人正在和别的异性交往，心就会像刀割一样难受。如果孩子承受不了，可能就会采取极端的行为伤害自己或对方。

一般情况下，失恋需要两到三个月才能走出失恋的阴影，所以这段时间，家长一定要注意观察孩子。孩子能否很快走出失恋的阴影完全取决于家长的态度和行为反应。

弗洛伊德在他的经典著作《哀伤与抑郁》中提出：虽然处在"哀伤"的情况下，我们完全可以用一种健康的心态来处理这种复杂情绪，我们可以将自己的焦点同时放在"爱"与"失去"上，经历哀伤之后，我们得以复原。但在抑郁的情况下，人们往往会纠结于这种矛盾中最负面的元素——强烈的爱恨之间不可调和的矛盾。

按照弗洛伊德的说法，抑郁产生于矛盾生成的内部冲突，即一种内化性的攻击。因为恋爱而抑郁的孩子会不断纠结于当初自己做过或没做过的事情，与失去的哀伤相伴的还有强烈的负罪感——失去多少是一种解脱，但他们会为自己的解脱而怀有罪恶感。

如果是由这种原因引发的抑郁，那么父母应当做的是让孩子从负罪感中解脱出来,重新去爱并相信爱的美好。

1. 给予孩子温馨和睦的家庭氛围

很多家长只知道困惑,自己的孩子那么小,为何会滋生出早恋的念头?其实,孩子早恋的真正原因大部分来自家庭。那么,怎样的家庭会促使孩子过早恋爱呢?

(1)严重缺乏关爱的家庭。比如:单亲家庭、父母经常责骂孩子、父母关系不好、家里常年争吵不休、父母忙于工作而很少关注孩子等。

(2)喜欢调侃孩子恋爱的家庭。有些家长喜欢逗孩子:"快点长大,赶紧娶个媳妇回来帮我做家务。""你们班上谁最漂亮?你最喜欢谁?""你们学校有恋爱的吗?你有喜欢的同学吗?"

(3)孩子学习压力过大。孩子压力太大,无法通过其他事情解压,尤其是在青春期,孩子便倾向于选择恋爱来宣泄压力或排解烦闷。

要想让孩子变得开朗起来,就要营造和睦的家庭氛围。因为孩子只有在家里得到足够的关爱,才不会一门心思想从异性那里得到些许的温暖。

2. 帮助孩子正确区分爱情与友情

对于处在成长阶段的青少年来说,所谓的早恋其实根本就不是爱,而是比较单纯的喜欢和欣赏。尤其是很多女孩,更容易将友情和爱情混淆。比如:朋友之间互相送一些礼物是一件非常正常的事情,但有些女孩处理不当就容易引起误会。父母要告诉孩子,礼尚往来是传统美德,应该弄清对方的目的。如果对方单纯地把你当作朋友送你礼物的,你自然可以接受并回赠礼物；如果对方出于追求与爱慕的目的，就要认真思量了，可以找对方好好谈谈，摆明立场和态度，不要让对方对你产生误解。

◆压力太大：不堪负荷，罹患抑郁

如今的孩子很少有不报辅导班、不上兴趣班的。可是，孩子真的快乐吗？他们连释放压力的时间都没有，怎么会不感到抑郁？学业的压力加上无处排解的情绪会令青少年越来越抑郁。

有个女孩上小学时成绩优秀、性格开朗，跟父母的关系也不错。上初中后，女孩成绩依然不错，但学习压力很大。因为功课紧张，睡眠时间大大减少，女孩经常晚上11点才能结束学习，早晨还要早早起床去上学。睡眠不足导致女孩出现了头疼等症状，而且总感觉看不到希望。

后来，女孩被确诊为抑郁症，接受了心理医生一个疗程的治疗，然后又在家休息了一周，情况才得到改善……

分数对孩子来说确实很重要，但并不是孩子的命根，更不是家长的命根，不能让分数成为孩子的噩梦。为了减轻孩子的压力，父母不能过分关注孩子的成绩，亲情沟通、互相关爱才是最重要的。

目前，孩子们的学习压力确实很大：中考、高考、考研……不停地考试。特别是步入青春期后，来自感情、生活等方面的压力让很多孩子都面临抑郁的危险。

到了初高中阶段，学习压力更大，孩子每天就像机器一样运转着。实际上，他们都是活生生的人，是一个会有烦恼、会伤心、会感到挫败的人。然而，很少有人会关心他们的内心感受，人们往往更关心的是他们的学业，直到他们的心生病了，才会有人开始关心他们的心理感受。

心情郁闷的时候，孩子们就会产生找人聊天的想法，但他们会认为大家都在学习，如果我找某个同学谈心，就会对他造成困扰；如果找家长或老师谈心，又害怕被他们批评。这个时候，他们就会把内心的需求压抑下来。聊天、谈心也就变成了一件非常奢侈的事情。

总而言之，造成孩子压力的原因主要有以下3个：

1. 繁重的课业

现在的孩子，早上6点就要起床准备上学，一直学习到晚上9点多，有些孩子甚至要学到更晚。经历周一到周五紧张的学习后，周末还要上各种兴趣班，休闲的时间几乎都被占用。同时，孩子还要面对升学的压力，稍不努力就可能会被淘汰，繁重的课业让孩子倍感压力。

2. 家长的高要求

有些家长对孩子的要求比较高，比如一定要考第一名、一定要考到多少分、一定要考上什么学校等。家长希望孩子学习更好的同时，也给孩子带来不小的压力。尤其是有些家长比较严厉，稍有出错就是指责，孩子的心理负担就会加重。

3. 孩子对自身的要求

有些孩子对自己有要求，比如希望自己进步到前几名、保持第一的名次等。有要求是好事，但如果没有把握好尺度，对自己要求过高，这种要求就会变成一种压力。

心理就像日常生活一样，也会产生情绪垃圾，需要定时清理。丹麦胡斯大学的研究人员发现：在绿色自然环境下成长的孩子，长大后出现焦虑、抑郁等心理问题的风险能降低至55%。因此，要让孩子从书本中走出来，走到大自然中去，去奔跑、去运动，尽情感受阳光和雨露的滋养。

◆痴恋网络：深陷网络，回到现实就出现抑郁状

对于今天的青少年来说，网上冲浪是一种随处可及的虚拟娱乐体验，非常方便。家长总会发现：孩子自从沉迷游戏之后，就变得沉默寡言、不爱沟通。然而，是因为游戏让父母与孩子间产生隔阂了，还是因为本来沟通就缺乏？

在现实中，孩子可能过得并不开心：被同学欺负了、老师对他有偏

见、有自己爱情的小萌芽了……这些家长都不知道，只能看到孩子沉迷于网络，家长只知道孩子在通过网络发泄心中的情绪。事实证明，如果孩子痴恋网络，一旦回到现实，现实和虚拟世界中的巨大反差会让孩子出现抑郁状态。

　　开学还不到一个月，父母就发现女孩写作业越来越拖拉、做事马虎、丢三落四，放学回家只知道玩手机、看电视。老师也反映说，女孩上课注意力不集中，行事冲动，经常跟同学发生冲突。最近，女孩甚至还跟父母吵过几次架，说不想上学了。

　　父母认为女孩沉迷网络游戏，无法适应上学的节奏，便将她带到心理工作室咨询。咨询师跟女孩沟通后，诊断出她从小就患有注意力缺陷与多动障碍。升初中后学习压力变大，又没有得到很好的干预，于是就遇到了更多的困难。

很多家长像女孩父母一样，只能看到孩子沉迷网络的表象，很少关注孩子的心情、学业上的困难、同伴关系方面的问题。家长们总是错误地认为，孩子出现注意力不集中、脾气不好等现象的元凶是网络成瘾。

实际上，真正符合网络成瘾确诊标准的孩子并不多。很多孩子之所以会上网，多半是出现了情绪问题，想要宣泄。比如：孩子患有多动症，容易走神、经常出现冲动行为，通过玩游戏可以让他内心不再痛苦。

有的孩子没有能力做他这个年龄段应该做的事情，才会沉迷网络，可能孩子并不是真的喜欢玩网络游戏。孩子沉迷于网络世界，一旦重回现实，就会出现严重的悲观厌世、心境低落等抑郁症状，还会伴随头痛、消化不良、便秘、不明疼痛、食欲不振和睡眠障碍等症状。

因此，为了减轻孩子的抑郁倾向，家长需要引导孩子正确运用网络。

1. 很多孩子虽然看上去沉迷于网络世界，但根据临床经验，绝大部分孩子都不处于成瘾状态

很多孩子休学在家时非常郁闷、无聊，也不想出门，只好用打游戏、上网等来消磨时间。对于他们来说，打游戏其实也无聊，但不打更无聊。父母千万不要随意给孩子"贴标签"，说他们是"网络成瘾""游戏成瘾"等。孩子内心都非常排斥这种说法，很容易导致亲子隔阂或矛盾冲突。同时，如果父母这样想，也容易徒增焦虑，有些家长甚至还会开始物色戒网瘾学校并准备把孩子送过去。千万不要这样做！不规范、不科学的戒网瘾机构反而会对孩子造成二次伤害！

2. 孩子目前状态和行为的背后是叠加性心理创伤，即使有些孩子玩网络游戏成瘾，那也是表象

这就涉及我们一直强调的抑郁背后的社会心理根源。抑郁主要源于孩子成长经历中遭受的叠加性心理创伤。这种心理创伤来自哪里呢？多数都来自原生家庭中父母的不当教育方式。所以，父母需要尽量修复孩子遭受过的心理创伤，即便只能修复部分原生家庭中父母不当教育带来的创伤，

也会令孩子沉迷网络的行为有明显减少。

3. 对于孩子黑白颠倒、作息紊乱，家长不要过于焦虑，只要孩子有比较充足的睡眠时间即可

很多休学在家的孩子之所以喜欢打游戏、上网到深夜，一方面是因为很多抑郁的孩子具有"晨重暮轻"的特点，晚上的精力和情绪状态都相对较好；另一方面是因为很多青少年在现实中不愿社交，希望在网络上与人交流、打游戏、网络聊天、逛论坛等。多数网友天黑才上线，互联网使用的高峰一般都在晚上。换言之，只有在夜晚甚至深夜，孩子才能在虚拟世界里找到"志同道合"的网友，一起打游戏、消磨时间、释放压力。

打游戏到深夜，第二天自然就会晚起。甚至有的孩子凌晨两三点才睡，直到下午一两点才起床。其实，只要孩子睡眠时间充足、睡眠质量较好，起床之后精神状态还可以，家长就不用担心会影响其身体健康。

有的家长太焦虑了，对孩子管控得很严，即使孩子生病休学了，还要求孩子像上学那样起床作息。如果孩子起不来，他们就指责、掀被子、连拖带拉，非达到目的不可。这种做法愚昧无知，千万不要这样做！

孩子处于特殊时期，这种状态是暂时的，也是他们需要的，父母要懂得理解和包容。

◆父母伤害：原生家庭和"毒性父母"造成抑郁

家是心灵的港湾，如果这个港湾里每天传递的都是焦虑和烦躁，它也就失去了家的功能。不能给孩子带来安全感和放松感的家庭对于孩子来讲，基本等同于无家可归。在学校，孩子进行着高强度的学习，回到家里，孩子又要应对来自家庭内部的压力，孩子该有多郁闷！

生活中，家长总会发出这样的抱怨：

"我每天都无微不至地照顾她，为什么她还会得抑郁症呢？"

"我对孩子没什么要求，从没给她压力，她怎么就抑郁了？"

"我有时候会吼孩子，那是因为他连最简单的题目都做不对，难道说一下就抑郁了？"

家长疑惑：自从孩子陷入抑郁后，似乎不管自己怎么做，孩子都有发泄不完的情绪。更要命的是，当家长带着孩子去看心理咨询师时，咨询师总会跟他们说："病根其实是在家长身上，比起孩子，家长应该先接受治疗！"

孩子抑郁时，不能单纯地把孩子的抑郁看作是需要"被解决"的问题，而需要回到家庭中，看看父母与孩子长期以来的相处模式是什么。青少年抑郁的背后往往存在许多不健康的亲子关系，因为家长和孩子长期沉浸其中，都很难在习以为常的模式中看见问题。

孩子是家庭的一面镜子，不但是父母的镜子，更是家庭关系的镜子。孩子的抑郁至少说明整个家庭系统里某些关系出现了严重问题，比如如果父亲出轨、母亲长期情绪郁积，孩子会跟母亲感同身受，从而可能抑郁。无论孩子是否了解事情的真相，在家庭系统里，情绪和疾病都可能"代代相传"。因为情绪可以被感知，也可以被传递。

那么，哪些父母容易对孩子造成伤害呢？通常，这些父母都具有以下几个心理特征：

（1）他们总想通过相互依存控制孩子，会不断地告诉孩子或让孩子感觉到："不要离开我""没有你我活不下去"。

（2）他们会利用孩子的爱与内疚控制孩子，可能会告诉孩子："我为你做了这么多"，"我为你牺牲了一切"，通过不断地让孩子内疚从而让孩子去做他们想要孩子做的事。

（3）他们会轻易地收回爱，如果孩子没能做到他们想要的，就会严厉地惩罚孩子或冷漠对待孩子。

（4）他们不尊重孩子的隐私，他们会毫不犹豫地进入孩子的房间，翻看孩子的私人物品，不尊重孩子的私人空间，害怕并不允许孩子建立独立的心理边界。

（5）他们从不倾听（或关心）孩子的感受，无法和孩子分享感受，即使孩子表达了，也会被取笑或无视。

（6）他们没有表现出任何共情行为，不会真正揣摩孩子的内心，更不会理解或关心孩子，只对自己在意的事情感兴趣。

（7）他们喜欢展现一个完美的形象，善于伪装，希望别人把自己的孩子看成是生活在充满爱的环境中的孩子。

概括起来，以下4种父母，更容易对孩子造成伤害，让孩子陷入抑郁。

1. 情绪型父母

情绪型父母总会跟孩子说：

"妈妈真的好爱你！"

"你笨得跟头猪一样！"

"你怎么还不去死？"

……

一般这种家长都喜怒无常，当他们情绪稳定的时候，就能友好、甜蜜地与孩子相处；一旦情绪不好时，轻则对孩子使用语言暴力，重则对孩子拳打脚踢，会将所有的情绪都发泄在孩子身上。

这类家长的情绪是不可捉摸的，就像一直都处于过山车的状态，孩子永远不知道他今天回家面对的是笑脸相迎的父母，还是一顿挨打责骂。即使家庭物质条件再充足，孩子也会时时刻刻担心自己是不是做错了什么、说错了什么、父母下一秒会不会生气……

在巨大的不安与失控中，日积月累的焦灼、紧张和担忧会让孩子开始自我怀疑："我不应该活在这个世界上。"如此，抑郁的乌云就会逐渐笼罩在孩子头顶上。

这类抑郁的青少年一般都不合群，他们认为人的情绪不可控，为了保护自己，必须远离人群。即使是善意的接触，也会让他们怀疑对方下一次爆发会伤害到自己，孩子不相信其他人，只能把自己缩在一个硬壳里。

2. 拒绝型父母

拒绝型父母的口头语是：

"我现在很忙，没时间看，先放那儿吧！"

"我不知道，你明天自己去问老师。"

"不要来烦我，我现在没心情听这些。"

……

这种父母的背后是"不作为"。虽然他们会为孩子提供物质上的支持，送孩子去参加各式各样的兴趣班，却极少回应孩子的需求。孩子无法从父母那里获得反馈和支持，期待常常落空，仿佛置身于家庭中的真空地带。

父母一次次的敷衍会将孩子越推越远，孩子的需求变成一个人对着山谷的回声，无人回应。如果孩子无法唤起父母对自己的回应，心底就会响起一种声音"我是不值得被爱的""我是不重要的"。

这类抑郁的青少年，通常表现为自我封闭，当他们的需求不被看见和承认的时候，他们就会拒绝一切。他们会在自己与他人之间建立一层隔膜，用这层隔膜来保护自己。他们的口头语是"无所谓"，反正自己不重要，怎么样都行。

3. 控制型父母

控制型父母说得最多的是：

"我说的都是为了你好，你怎么不听呢？"

"你不听我的嘛！那个专业学出来没有前途的！"

"喊你要多喝水，你不听嘛！嘴皮都起茧了。"

这种父母常常挂在嘴边的一句话是："我做的一切都是为了你好。"这句话的背后还有一层意思，即"我是对的，你是错的"。这里涉及生活的各种场景，小到穿哪一件外套、看几分钟书，大到孩子选专业、择校，甚至是婚恋。

控制型的父母会将孩子框在一个边界范围内，孩子不能出界，同时还必须达到父母制定的各项标准。在这种类型父母的眼中，孩子只有达到自己的要求，才能拥有更好的人生。但事实真是如此吗？

孩子长期处于父母的高压管控下，当他们的情绪无处排解、苦恼无处诉说时，心灵就容易生病。这种孩子很容易走向两个极端：第一种是唯唯诺诺、毫无主见；第二种是极度叛逆，喜欢跟家长反着来。

当处于抑郁状态下的青少年的愤怒被压得死死的时候，可能会用伤害自己的方式来释放积攒的情绪。爆发的孩子会不断地攻击他人、挑战权威，通过逃学、离家出走等激烈的方式来夺回自己的主导权。

4. 成瘾型父母

成瘾型父母喜欢说的话有：

"桌上有钱，你自己去买点吃的。"

"没喝多少，家长会我肯定准时到。"

"下次过生日给你补个大礼物。"

这种父母，一般都喜欢用无数的谎言和借口对孩子掩饰自己的上瘾。家长在上瘾的过程中，常常充斥着谎言、欺骗和伤害，孩子会将这些不健康的行为正常化、合理化。

在成年人上瘾的过程中，很容易发生灾难性的、不可预测的意外，从而给孩子带来不可磨灭的心理创伤。

面对成瘾型的父母，孩子容易过早地承担起不属于自己的责任，甚至扮演起照顾父母的角色。

第四章　改善生活方式有效预防青少年抑郁

◆ 关注信号：出现这4个信号，孩子很可能开始抑郁了

近年来，名词"抑郁"经常不止一次地出现在各种新闻里。

抑郁的诱因说起来比较复杂，医学上也没给出确实的结论。根据临床表现来看，有的抑郁源于痛苦性疾病，有的抑郁与遗传基因有关，有的抑郁与神经单元病变有关……

在现实生活中，我们经常听到明星得了抑郁症，成年人得了抑郁症，这病好像与儿童无关。事实上，孩子们也会变得抑郁，只不过孩子出现抑郁的情景没有大人多罢了。现在，抑郁症已经出现了年轻化的发展趋势，不得不引起家长的重视。

家长应该多关注孩子的生活与情感，如果孩子出现下面4个信号，就可能抑郁了，父母不要轻视。

1. 情绪变得低沉且消极

感到抑郁的孩子性情往往会大变，比如以前活泼开朗、爱笑的孩子不见了，他们变得不爱说话，喜欢一个人待在房间里，不管做什么都提不起兴趣；以前乖巧安静的孩子变得容易情绪激动；孩子以前顽皮好动，喜欢打打闹闹，但最近一段时间变得沉默寡言；原来对新鲜的东西有着很浓的好奇心，现在却提不起兴致，对于生活中的很多事情都表现得很消极。

2. 身体状况变得比以前差了

原来孩子动得多、吃得多，身体也很健康，但是最近一段时间，他们饮食不如以前规律，身体状况也变得不如以前。抑郁主要是心理上的问题，但心理上的改变也会引起饮食习惯的改变，从而引起生理的改变。

3. 时不时会冒出来轻生的想法

乐观天真是孩子的天性，孩子不像成年人有生活的压力，有思想的压力。生活中的困难由大人来解决，孩子不需要像成年人那样面对困难。在这样的环境里，如果孩子变得忧心忡忡，产生了本应是许多成年人才有的悲观想法，会不自觉地对父母说想要轻生之类的话时，就可能是早期抑郁。

4. 与以前性格相比发生很大改变

儿童的性格本应是天真无邪、好奇好动，当父母发现自己的孩子变得老气横秋甚至死气沉沉，且是长期保持这种状态时，父母就要想想是不是在孩子身上发生了什么不为人知的事情。性格的改变并不能仅靠一两天完成；性格发生变化后，也不容易再发生改变。如果孩子的性格发生了很大变化，就要努力找出使其发生改变的原因。

那么，什么样的孩子容易患上抑郁症呢？发现孩子有这 8 种情况，父母就得小心了：

（1）孩子在学校有过遭受排挤和霸凌的经历；

（2）孩子经常感到不安、失眠或吃不下东西；

（3）孩子会突然喝酒或服用助眠药；

（4）孩子做事不能集中注意力，经常犹豫不决；

（5）孩子突然退出家人、朋友的社交圈；

（6）孩子经常不自觉地烦躁、易怒或者对别人带有敌意；

（7）孩子总是不自觉地哭泣，还说不上原因；

（8）孩子有想逃离的想法。

◆ 保证睡眠：良好的睡眠，能够很好地预防青少年抑郁

我国 2020 年心理健康蓝皮书《中国国民心理健康发展报告（2019—2020）》发布，报告显示有 24.6% 的青少年出现了抑郁状况，且睡眠不足

的现象日趋严重。

抑郁状况对于青少年有很大危害，会使青少年产生诸多生理和心理上的问题。国外科研结果也表明：睡眠不足会让青少年更容易患上抑郁症。

贝塔是个14岁的女孩，在市初中重点班上学，近一年来睡眠质量越来越差，经常做噩梦，有时整夜无法入睡，白天没精神，对什么事都提不起兴趣，严重影响到了正常的学习和生活。

贝塔感到很苦恼，在无眠的夜里，她曾上网查询自己的状态，也曾问过妈妈自己是不是得了抑郁症？妈妈却说："别瞎说，小孩子怎么可能抑郁呢？你想太多了。"

直到妈妈偶然看到贝塔手臂上出现了一条条触目惊心的伤疤时，她才明白，为什么自己的孩子从不穿短袖，即便是在炎热的夏天也不穿。此时，自责、后悔都已于事无补。

经朋友介绍，妈妈带着贝塔辗转来到某睡眠中心求医，经过专业测评，贝塔被诊断为中度抑郁症。

睡眠是人一生中的重要组成部分，只有通过晚上充足的睡眠，体力和脑力才能得到充分的休息。对于青少年来说，睡眠不足最直接的危害就是容易头晕、头痛，从而影响学习效率。长期睡眠不足还可能影响到孩子的生长发育；另外，睡眠不足容易造成孩子情绪烦躁，增加其抑郁的发生率。

研究人员在《睡眠》杂志撰文指出，跟那些10点前睡觉的青少年比起来，午夜后才睡觉的孩子患上抑郁症的可能性会高出24%；每晚睡眠少于5小时的青少年患抑郁症的可能性要高出71%。

研究人员对15659名学生和他们的家长进行了调查，结果发现：有7%的孩子患有抑郁症，且在女孩和年龄较大的孩子中，抑郁症状更明显。

调查还发现，父母要求10点以前就上床的孩子，平均每天睡8小时10分钟，比迟睡的孩子可以多睡40分钟。睡眠不足一般包括难以进入睡眠状态、难以保持持续睡眠状态或睡眠时间不足等方面。如果长期睡眠不足，就容易导致精神性抑郁的发生。

如果孩子长期睡眠不足，白天精神状态不佳，就会表现出情绪不高、做事不积极努力、不善与人交往等，久而久之，就会导致抑郁症状的出现；同时，长期睡眠不足的儿童与正常睡眠的儿童相比，成年之后心理疾病发生的概率要相对大很多。

"望子成龙"的中国家长在孩子课业的重担下可能还会增加各种才艺技能、辅导班的学习，孩子们通常都处于"睡得晚、睡不好、晚上睡不着、白天睡不够"的状态。

俗话说"睡一睡，长一长"，充足、深度的睡眠对于孩子的生长发育及智力发展都具有重大影响。适量、高质量的睡眠再加上适当的运动，对于改善孩子抑郁情绪状态的作用更是不容小觑。

青少年失眠的原因不外乎以下 4 种：

1. 脑力劳动量过大

孩子们学业繁重，脑力劳动过大，大脑出现亢奋的情况，最终导致失眠。

2. 神经系统的承受能力较差

每个人神经系统的承受能力都是不相同的，如果孩子神经系统的承受能力较弱，机体的运转速度就会十分缓慢，就容易超出负荷而导致内分泌紊乱，从而诱发失眠。

3. 学习压力过大

孩子们学业繁重，频繁考试容易给精神和身体造成巨大的压力，长期如此，就容易出现精神衰弱而引发失眠。平时如果睡眠不足，就会使精神状态变差，一旦形成恶性循环，就会加重失眠的症状。

4. 睡眠周期倒错

很多孩子平时上课时容易困乏，午睡时间却异常清醒，下午时昏昏欲睡，到了晚上睡觉的时候却难以入睡……这其实是生物周期紊乱的症状，这种情况是由睡眠不规律导致的。

为了改善孩子睡眠不足的问题，可以采用以下几个方法：

1. 保证规律作息

孩子每天晚上都在床上辗转反侧、无法入睡，这会给心理带来巨大压力。想要解决睡眠不足的问题,就要让孩子养成规律的作息习惯,从而提高睡眠质量。

2. 避免睡前兴奋

睡觉之前,不要让孩子过度运动或长时间打游戏,否则孩子的情绪会处于一种异常兴奋状态,神经无法得到充分放松。可以让孩子睡前在床上听一些舒缓音乐,让心情得到充分放松。

3. 营造适于睡眠的环境

为了提高孩子的睡眠质量,光线要适度,周围的色彩尽量柔和,通风但不能让风直吹,尽量防止噪音干扰。如果孩子生活在集体宿舍,可以跟孩子的舍友沟通和协商,让生活习惯不同的孩子们互相督促、保持协调同步的作息。

4. 选择舒适的睡眠用品

舒适睡眠的第一要素就是选择一个适合自己的好床垫。首先,质量上乘的床垫不仅可以有效支撑身体的压力,还可以缓冲在睡眠中因为翻身造成的震动;其次,为了让孩子睡得舒适,睡前要摸摸床垫上是否有异物,有的话要立即拿掉;最后,床垫不能过硬,否则容易磨损孩子的脊椎,影响到孩子的脊椎发育。

◆重视锻炼：加强体育锻炼，对于预防青少年抑郁大有益处

随着经济水平的提高和城市化的快速发展，孩子的活动空间也从广场变成了家里的客厅和卧室，电梯取代了楼梯，娱乐活动从追逐游戏变成了电子产品，抑郁低龄化的一大原因就是孩子越来越缺乏运动。

《美国医学会杂志》上发表的一项研究结果发现：运动能够帮助缓解压抑的情绪，并且能够显著降低抑郁的发生率。运动自然也就成了治疗抑郁的有效方法。

运动能使人体内啡肽水平增加。进行锻炼时，孩子体内会释放出天然激素——内啡肽，这种激素能更好地维护心脏健康。换句话说，运动可以增强心血管健康，让孩子整天都精力充沛。

运动能改善睡眠。研究显示，如果失眠患者能在一周内进行至少150分钟的中等强度体育锻炼，其失眠症状严重程度会显著降低，且情绪有所升高。同时，内啡肽还能提高孩子的体能水平，让孩子生活和锻炼更有活力，从而形成良性循环。

运动能促进机体远离疾病。生理健康是心理精神健康的前提，科学而

适宜的运动能够增强孩子的身体素质，让孩子拥有更柔韧的骨架、更强壮的心脏和更饱满的情绪。

为了防止孩子抑郁，父母应该引导孩子从小养成运动的习惯。

1. 发现孩子在某项运动上的优势，坚持定向特长培养

琳娜毕业于名校，她认为，自己取得的成就跟运动有直接关系。中学时期，她参加了校运动队，一周要进行两到三次的训练，风雨无阻。那时，别人都回家复习了，她还在操场上训练，等她到家时天都黑了。这使她不得不提高自己的学习效率。为了既不影响学习，也不影响睡眠，她白天在课堂上高度集中精力，中午抓紧时间完成作业，晚上到家再复习一会儿。

同时，高强度的训练也为琳娜打下了良好的身体基础，很少感冒发烧，从来没被传染病"光顾"，学习成绩也稳步提升。长大后，无论是学习、工作，还是带娃、做家务，琳娜都会想办法来提高效率，这也是当年的运动经历打下的基础。

2. 全家都参与，和孩子一起动起来

运动与吃饭、睡觉一样，是健康生活必不可少的一部分，比如可以将每周日定为户外日，全家出动一起爬山或踢球。

物理学家玛丽·居里就非常重视孩子的体育锻炼，她让两个孩子每天

做完功课就到运动场去锻炼。在工作之余，她还跟孩子一起骑自行车，带他们去游泳，孩子们的身心都得到了健康发展。

如果没时间专门跟孩子一起运动，也可以随时利用环境资源，捕捉生活中的锻炼机会，让运动变成一件轻松有趣的事。比如：住楼房高层的大人可以和孩子一起"拒绝电梯"，来个爬楼梯比赛。

其实，在家庭体育活动中，如何运动是次要的，重要的是将运动变成家庭文化的一部分，让孩子更加热爱运动。

3. 创造条件，支持孩子在运动场所结识朋友

一个人去健身房运动，一般都很难坚持下来，但如果加入了某个打卡小组，跟好友一起立下"三月不减肥，四月徒伤悲"的契约，坚持锻炼的动力就会大很多。同样的道理，如果在某些运动项目中有小伙伴一起参与锻炼，孩子就更容易坚持，做运动的同时也拓展了人际交往圈，一举两得。

柏拉图曾说："为了能让人类有成功的生活，神提供了两种通道——教育与运动。"这两种通道是相辅相成、缺一不可的。孩子从运动中得到的远比你认为浪费的多得多，请相信：爱运动的孩子能力不会差！

◆合理用脑：不要带病用脑，也能有效预防青少年抑郁

在孩子身体欠佳或患各种急性病的时候，要让孩子去休息。如果孩子坚持学习，不仅效率低下，还容易造成大脑的损伤。良好的生活习惯对预防青少年抑郁起到很大的作用。

现在的孩子不仅有日常的课程，放学后或假期还要参加各种辅导课程，很容易出现大脑疲劳。要想减少抑郁，就要努力消除大脑的疲劳。

1. 减轻负担

如果孩子学太多的学科、上太多的课，就会使大脑一直处在疲劳状态。长期如此，会导致孩子头昏脑涨、记忆力下降、反应迟钝、注意力分散，学习效率降低等后果，严重的还会影响孩子的智力发育或身体健康。

因此，父母应该调整自己急功近利的心态，逐步减轻孩子的学习负担，在为孩子报名参加各种培训班的时候，要考虑到孩子的兴趣倾向，坚持以"少而精"为原则，专门培养孩子某一方面的能力，既可以让孩子的大脑得到一定的休息，也可以让孩子在某一方面获得专长。

2. 改变方法，激发兴趣

对孩子来说，游戏是他们最喜闻乐见的学习方式。因此，父母可以将学习内容融合在一些特别的游戏中，当孩子对这个游戏产生兴趣后，他们自然就乐于参与并继续下去，这样他们就能逐渐从中学到必要的知识。比如：父母就可以用玩水的游戏来教孩子懂得水的性质和用处，也能锻炼孩子的动手能力。

同时，父母在跟孩子玩游戏时，不要横加干预，也不要处处代劳，尽量让孩子自主决策。如此，既能让孩子玩得开心，也能锻炼孩子的思维能力。

3. 劳逸结合

对孩子来说，每次学习的时间不宜过长，应该控制在35—40分钟，具体时间要根据每个孩子的情况而定，然后休息10—15分钟。休息的方式有很多种，其中积极活跃的方式是最佳选择，比如跟孩子玩"捉迷藏"游戏、让孩子到户外打球、跟孩子一起唱歌等。

劳逸结合使孩子的大脑得到充分的放松和休息，当孩子再次进入学习时，精神就能好很多，注意力也会更集中。此外，父母也可以让孩子交替学习，让大脑保持活跃，减少其疲劳度。

4. 注重营养

脑细胞发育及大脑活动的正常进行，都离不开均衡的营养摄入。幼儿时期是大脑发育的关键时期，更应注重营养。如果这个时期多加注意，将有利于孩子今后的智力发展。

父母应该帮助孩子养成良好的饮食习惯，尽量让孩子均衡地摄入各种营养成分，并及时为其补充糖类、蛋白质、维生素及微量元素。因为大脑消耗的葡萄糖量很大，几乎占人体血液中葡萄糖含量的2/3，所以应给孩子适当摄入含糖类的食物。同时，蛋白质是构成脑细胞的重要成分，要及时补充蛋白质，牛奶就是最佳的蛋白质补充剂。

5. 休息很重要

充足的睡眠不仅可以消除大脑疲劳，还是提高学习效率的重要手段。大脑重量为体重的2%—3%，睡觉时，人体的体温和大脑温度都会自然下降，尤其是深睡状态对消除大脑疲劳、修复脑细胞特别有益。

通常新生儿每天需要睡22小时，3岁的孩子每天需要睡14小时，7岁的孩子每天需要的睡眠时间是11小时，10岁的孩子则是10小时。因此，一定要让孩子睡足觉。

6. 参加户外活动

研究表明，在空气浑浊的室内，孩子容易因缺氧，而产生大脑疲劳。大脑耗氧量巨大，空气清新的环境有利于大脑的健康。因此，在孩子学习之余，可以带孩子去公园郊游，让孩子的大脑在大自然中获得充分的氧气，使其脑细胞保持活跃。同时，绿色植物也有助于减轻疲劳，父母可以在家中栽种一些绿色植物，不仅可以改善室内空气，还能让孩子的脑神经得到舒缓。

7.适当按摩

孩子感到疲劳时，可以为其做一些简易的按摩，方法有以下3种：

（1）用梳子在孩子的后脑勺梳头（也可以用手代替）20下；

（2）用手指按揉头部两侧的太阳穴，或按揉两侧耳根后骨突出的下部凹陷；

（3）用双手放在孩子的头部轻轻抓捏10下。

经常按摩可以养神健脑，从而减少疲劳。

◆简单生活：面对额外的事情，敢于说"不"

心地善良、不好意思拒绝别人的孩子会牺牲自己的时间和利益去讨好他人，这样只会让自己活得憋屈。孩子不懂拒绝，面对他人的请求始终唯唯诺诺，成全了所有人，唯独不能成全自己。事实上，一个人只有成全了自己，让自己的内心舒坦，才可能成全他人。很多孩子的抑郁症状都源于他们不敢拒绝他人。

前不久，微博上有这样一个话题："不懂拒绝的人有多累！"一名网友投稿说：

自己从小是一个不懂拒绝的人。大学四年期间，就因为自己的不懂拒绝而受了很多委屈。每次别人对他有什么请求，他能帮就帮，来者不拒。渐渐地，大家就形成了一个共识：有什么事情都找他，反正他也会帮别人办好。这样的现状一直持续到大学毕业，如今他参加工作了依然如此。

担心自己作为一个职场新人，拒绝帮助别人会导致自己在职场受气或者不利于将来的发展。可渐渐地，他心里有些不平衡，明明内心很抵触某些事情，却不知道该如何拒绝。如今的他，无论是心理还是身体，都有些不堪重负，觉得好累、内心煎熬，甚至出现了抑郁的苗头。

英国心理治疗师雅基·马森（Jacqui Marson）在其著作《可爱的诅咒》中明确表示：如果一个人不拒绝别人或因拒绝他人而感到内疚，即使委屈自己也不愿意愧对他人，这类人就是典型的圣母型人格，是一种被动的心理倾向和态度倾向。

其实，这类人并不是真的乐于帮助他人，只是习惯性讨好或不敢拒绝他人罢了。仔细分析就能发现，这类人小时候一般都生活在不太幸福的家庭中，习惯以讨好父母来获得父母的爱。然而，这类人的内心有很多怨恨，容易出现抑郁症状，长大后很虚伪，这是一种危险型人格。

1. 真实清晰地表达自己的观点

对于多数孩子来说，表达自己真实的需求是一件尤为困难的事。父母可以给孩子提供一系列方法，帮助他们以更清晰、更自信的方式传递原本觉得难以表述的信息，比如拒绝、抱怨或划清界限等。

如果孩子语言表达困难，也可以用肢体语言来表达。大量研究表明，相比其他方式，通过非语言交流（即肢体语言），传达的信息会更多。

肢体语言研究先驱麦拉宾提出过一条平衡定律，即对一个人的印象，大约55%来自肢体语言，38%来自说话的方式（尤其是语气），7%来自说话的内容。

2. 不含敌意地拒绝

通常拒绝别人是一件很难的事情，尤其是难以拒绝别人的殷殷之情。但是，很多时候孩子不得不拒绝，比如别人向孩子借钱。

"不含敌意的坚决"是由美国心理学家胡特提出来的一种拒绝别人或与人相处的心法。我们既不是万能的神仙，也不是别人和世界的中心，拒绝他人是一件再正常不过的事情。

"不含敌意的坚决"就是要告诉孩子：坚决拒绝他人，并不是因为自己对别人有敌意，而是因为自己不乐意；如果强迫自己不坚决，就是对自己的敌意，也是对别人的不真诚。

3. 明白人际关系的边界

要想让孩子摆脱圣母情结，就要让他们明白人际关系中的界限：我们都不是别人的救世主，只有先照顾好自己才能照顾别人，一味地满足他人而忽略自己，会养成不健康的人格，甚至会让自己变得抑郁。

第五章 "三乐"和"三不要"有效预防青少年抑郁

◆ "三乐"

一、助人为乐：帮助别人，孩子也能收获快乐

网络上出现过这样一条报道：

2008年高考，一个女孩的考试成绩并不理想，按照当时划定的分数线，她只能上个专科学院。一天，女孩去参加招生咨询会，因为天降暴雨，到达咨询会现场的时候，招生人员已经在撤展了。女孩看见一位矮个子老师正在费力地整理雨篷，立刻走过去帮助老师整理起来。就是这个不经意的举动，引起了一旁一位来自新加坡的老师的注意。后来，这位老师邀请女孩参加了新加坡一所大学的面试，她被那所大学成功录取了，并奖励给她 20 万元奖学金。

看完这则报道后，一位母亲陷入了深深的思考，她女儿刚 7 岁，才上小学一年级。她将女儿叫过来，将报道当作故事讲给她听，并对她说："这位姐姐因为助人为乐而获得了继续求学的机会，你看助人为乐是不是很重要？既是在帮助别人，也是在帮助自己。你说，这位姐姐是不是值得我们学习？"

女儿笑着点头说："妈妈，我也要助人为乐！我一定会向这位姐姐学习！"

这位母亲也笑了，因为她知道：虽然女儿不一定能透彻理解助人为乐的真正意义，但只要从小培养，就一定能养成这一美好品德，并由此受益终身。

这位母亲用一个真实的故事作为范例，为女儿树立榜样。相信在未来的日子里，她的女儿也会让助人为乐这一品德在自己的心底生根发芽，将这一好品德保持下去。

培养孩子乐于助人的习惯对于预防抑郁有很大益处。父母在爱孩子的同时，一定要教他们关心他人、帮助他人，爱一切美好的事物。

1. 营造助人的家庭氛围

家长是孩子的第一任老师，没有助人为乐的家庭氛围，很难培养出乐于助人的孩子。特别对于年纪较小的孩子来说，他们的身心尚未成熟，对行为的选择往往是根据观察和学习所得。如果家长表现得大度、体贴、肯帮忙，孩子也更容易养成助人的品质。比如：跟孩子一起出门，路上遇到残障人士时，可以为他们提供些力所能及的帮助；坐公交车时，给老弱病残让座等。不能要求孩子一套，自己做的却是另一套。

心理学研究表明：在家庭教育中，父母的身教比言传更能影响孩子的行为模式，因此，只对孩子说教并不能起到好的作用，只有营造乐善好施的家庭氛围，父母有乐于助人的具体行为，才能有益于孩子养成助人的习惯。因此，要想培养乐于分享、善于关心、主动帮助他人的孩子，父母就要先做出表率。

2. 解释助人行为的原因

在孩子良好品质的培养时期，家长要耐心一些、多做引导，且引导要讲究方式方法。研究表明：进行行为引导的时候，对孩子阐明助人行为的具体理由，尤其是强调说明他人的感受时，最能帮助孩子养成友善、体贴的行为方式。

孩子的人生观和价值观尚不健全，在父母要求孩子帮助他人的时候，要说明为什么要这么做。比如："如果你把自己的小车让妹妹玩，她会很高兴"。父母的解释不仅能让孩子明白道理，还能让孩子逐渐学会换位思考。以后遇到类似情境，他们就能同时考虑到自己和他人的处境，从而更利于他们做出助人的行为，还会成为孩子行动的动力。

3. 让孩子阅读助人为乐的书籍

现在，越来越多的儿童读物开始关注培养孩子助人为乐的品质方面的内容，父母可以给孩子购买或借阅一些故事书籍，并和孩子一起阅读。需要注意的是，阅读只是手段，重要的是要让孩子在故事中学会分享、谦让和互助。

在亲子阅读的时候，可以问问孩子对故事的理解。如果孩子在生活中助人行为较少，家长可以在阅读中引导他们说出自己的看法，从而更好地了解孩子不愿意助人背后的理由。如此，不仅能加深亲子间的互动，还能为家长改善孩子不良行为提供参考。例如：有的孩子不愿意把自己的东西借给他人是因为曾经借给同学的卷笔刀被摔坏了，这时候，家长就要让孩子理解被摔坏的卷笔刀或许是同学的无意行为，不是每次借给别人的东西都会被损坏。家长可以鼓励孩子跟同学说："这是我刚买的新文具，用的时候请爱惜点儿。"通过这种互动，孩子就能从故事中明白助人为乐是一种好品质，从而慢慢改变自己的行为，变成一个乐于帮助他人的好孩子。

4. 给孩子创造主动助人的机会

为了培养孩子助人为乐的品质，可以适当给孩子布置一些小任务，让孩子得到正面的反馈、有所收获。有了这些经验，孩子才更容易自发地去做。比如：父母下班回来，要让孩子主动问好，备茶递水；主动帮妈妈做些力所能及的家务活，即倒倒垃圾、提提东西等；大人休息时，孩子动作要轻，不要影响他人的休息……在家里得到孩子的帮助时，家长要及时给予积极的反馈,告诉孩子这样做是对的。在家里习惯了相互帮助,孩子就会顾及到周围的其他人。

不仅如此,家长可以鼓励孩子多参加集体活动,让孩子在活动中学会分享和帮助;家长还可以试着跟孩子一起查找公益项目,收拾并捐赠孩子旧的衣物、书本等;如果有机会,也可以鼓励孩子和贫困山区的孩子进行"手拉手""交笔友"……这些虽然都是很小的举动,但也能让孩子在具体实践中掌握助人的方法,从而更深层次地体会到帮助别人是一件有意义的事。

二、知足常乐:平常心会让孩子降低要求,少了自我否定

凡是自私、不知满足的人,无论发生任何事情,都会用一种消极的心态来对待他人,将不满和怨恨记在心里,绝不会从对方的角度看问题,总认为犯错误的是对方。这种人一般都看不到自己的错误,不但对生活有许多不满,还会把自己不快乐的责任推卸到他人身上。有这样心态的孩子一般都活得很累,更容易走入抑郁的漩涡。

为了孩子健康快乐地成长,摆脱抑郁情绪,要让他们学会知足常乐。因为只有懂得知足常乐,孩子们才会珍惜眼前的生活,感谢自己拥有的一切;生活中,才能少些怨恨、多些欢笑。

美国有一个著名的高空走钢索表演者,叫瓦伦达。他经常在离地几十米的高空表演,没有任何防护措施,即使遭遇风雨等不利因素的

干扰，他也能获得成功。秘诀何在？瓦伦达曾说："我走钢索时从来不会想目的，只想走钢索这件事，专心地走好钢索，不管得失！"

但不幸的是，在一次重大的表演中，瓦伦达不幸失足身亡。事后，他的妻子说："我知道这次一定要出事，因为他上场前总是不停地说'这次太重要了，不能失败'；而以前每次成功的表演，他总想着走钢索这件事本身，不会管这件事的得失。"

这就是著名的"瓦伦达效应"，它告诉我们：不管做什么事情，都要保持平和的心态；如果总是想太多，太在乎事情带来的后果，太在乎别人的闲言碎语，太在乎现在和未来的一切，就容易忽略事情本身。

北宋文学家范仲淹在《岳阳楼记》中说："不以物喜，不以己悲。"意思是：不因外物的好坏或自己的得失而过于高兴或过于悲伤。这是一种明智淡然的处世原则，也是心胸豁达的表现。抑郁中的孩子如果能做到这一点，那他们即使面对荣誉，也不会骄傲自满，失意时也不会妄自菲薄。

有个男孩学习一直很好，数学成绩更是"顶呱呱"。但是，自从在一次数学竞赛中失利，一向自信的男孩开始怀疑起自己的能力。自那以后，他不但数学成绩开始退步，就连其他学科的学习也受到了影响。

爷爷看到孙子整天无精打采的，很心疼，也很着急，多次劝慰孙子"胜败乃兵家常事"，但男孩依然无法摆脱竞赛失利和成绩下滑的打击，时常闷闷不乐，整日郁郁寡欢。

一次小小的数学竞赛根本代表不了男孩的真实水平，更代表不了他整体的学习情况。之所以男孩会在数学竞赛后表现失常，是因为他太注重得失和荣誉，不能以平常心面对，因而失去了自信心，变得灰心丧气，一蹶不振。

人生不如意事十之八九，每个人在生活中都会遇到许多坎坷和失败，可正是因为有了这些"不如意"，人生才会变得丰富多彩，顺境和成功才会那么令人向往，那么使人感到快乐和幸福。

在成长过程中，孩子会面临许多坎坷和烦恼，比如学习上的失利、交友的不顺、他人的不认可等。如果不能用平常心看待这些问题，遇到点儿困难就表现得消极沮丧，非常情绪化，就很难抛开烦恼，也很难提高和完善自我，最终也会很难战胜坎坷和改变自己所处的境况。

只有保持一颗平常心，豁达地对人对事，不论处于何种情境都能泰然处之，才会变得越来越坚强，越来越有担当。

1. 让孩子明白不是所有的努力都会有结果

我们总是一直在鼓励孩子要努力，只有通过努力才会带来好的结果。但很多人却忘记告诉孩子：很多时候，即使我们努力了，结果也不一定会是我们期待的。不理想的结果对孩子来说就是打击。所以，必须让孩子明白不是每一次努力都会有结果，但这并不能成为我们不努力的借口。

2. 让孩子经得起失败与挫折

要让孩子能正面地面对失败和挫折，不能因为一两次的失败就怀疑自己、否定自己。让孩子明白失败和成功一样重要，更应该关注的是让自己变得更好的过程，不能仅看结果。在看待自己的时候，过程多数比结果更重要；只看结果的事情留给别人做就好。

3. 让孩子学会释放自己的情绪

每个人在经历失败后都会有自己的情绪，孩子也不例外。要让孩子学会宣泄自己的情绪，正确地把情绪发泄出去，让心态保持平衡。同时，情绪的宣泄要找到适当的方式、方法，才能变为动力，从而让自己更进步。

4. 让孩子"拿得起，也放得下"

孩子小时候抢玩具玩，手里有了玩具，就没有办法玩别的玩具了。这时候，要教育孩子放下手里的玩具，再去拿别的玩。其实，道理是一样的。在教育孩子的时候，要让孩子拥有"拿得起，放得下"的态度，经历失败没有关系，重要的是，如何再站起来；如果连站起来都变得困难，又该怎么继续前行？

三、自得其乐：有一种境界叫自得其乐

快乐的人也许并不优秀，却是掌握人生要义的人。他们知道怎样热爱生活和怎样让生活更有意义地度过。他们可能生活得很平凡，却有滋有

味，他们是这个世界上最富有的人。为了预防孩子抑郁，父母要将这种心态植入孩子的心里。

韩国有个叫喜儿的 18 岁少女，她弹奏的钢琴曲非常动听，吸引了不少听众。实际上，雪儿的双腿比正常人短，每只手只有两根手指头。但是她很快乐，丝毫不在意别人怪异的眼光。

妈妈经常告诉喜儿，她的手指很漂亮，是世界上最漂亮的手指。喜儿丝毫没有被身体上的缺陷所影响，总是快快乐乐的。

妈妈传递给孩子的不仅仅是一种快乐的情绪，更是一种积极乐观的人生态度，喜儿凭借这种快乐的态度演绎了自己精彩的人生。

"人生不如意者，十有八九。"在生活里，当孩子遇到不能改变的困难时，就要引导孩子改变自己的心态，让他们给自己装一个"快乐引擎"，让他们从平凡的日常生活中寻找和发现快乐。大多时候，快乐并不是别人带给你的，也不会凭空从天上掉下来，而是需要靠自己去寻找。

著名哲学家斯宾塞（Herbert Spencer）在《快乐教育》中谈道："教育应该是快乐的，当孩子处于不快乐的情绪中时，他的智力和潜能就会大大降低，继而变得抑郁。"

快乐不是一件物品、不是一个人，也不是一件事，而是孩子面对人和事物时，由内而外感受到的自我满足。

让孩子具备感受快乐的能力，他们就会远离抑郁。

1. 不要干涉孩子的贪玩

有的家长不赞同孩子嬉闹，孩子贪玩，喜欢玩水、玩沙子、玩泥巴，家长总是不让他们玩，因为担心弄脏衣服。但是，家长有没有想过，孩子通过玩耍可以感受到快乐。对家长来说，是孩子的快乐重要，还是不弄脏衣服重要？衣服脏了可以洗，如果弄丢了孩子的快乐，如何找回？

对于抑郁的孩子来说，玩耍和探索才是他们目前最好的治疗方法。父母要给孩子一些不受限制的时间，让他们按照自己的步伐去探索世界，也许会花一上午时间看蚂蚁"搬家"，也可能在沙堆上玩一整天……没关系，对孩子来说，这些都是不可多得的快乐时光。

2. 给孩子一些发呆的时间

能够获得成功的孩子通常也能得到快乐。在帮助孩子准备应付未来种种挑战的同时，父母一定要克制自己，不要用各种活动把孩子的时间填得太满。

在大人都高喊减压的年代，孩子也同样需要没有压力的空间，使其能够在各种训练班和课程之间得以喘息。给孩子一些望着蓝天白云发呆的时间，孩子的想象力就能得到充分发挥，他们既可以不受约束地去抓小昆虫，又可以堆个样子奇怪的雪人，还可以看蜘蛛结网……这些活动都能给孩子提供一个自己去探索世界和追求快乐的机会。

◆ "三不要"

一、不要拿别人的错误来惩罚自己

"不要拿自己的错误惩罚自己"就是说不要自己同自己过不去。

作为普通人的我们，只要一有过错，就会终日陷入无尽的自责、哀怨、痛悔之中。虽然这些心理在所难免，但只能带来更大的痛苦。错误的过去已经过去，应该拍拍身上的灰尘，重新走上人生的旅途。

现实生活中，有很多孩子不怕苦，再重的担子压不垮他们，再大困难也吓不倒他们，但他们受不起委屈，更不喜欢被冤枉。

其实，委屈、冤枉，通常都是因为别人犯错，而你没犯错；受不起委屈和冤枉，就是拿别人的错误来惩罚自己，这只能让孩子感到抑郁。遇到这种情况，最好一笑了之，不把它当一回事。

小芳很爱生气，甚至还喜欢生"回头气"。每次跟同学或家长吵完架，回头还会在脑海里不断地回放那些画面，想象着下一次见面时，如何针对对方的某个言论"怼回去"，甚至还会模拟各种方式来报复对方。

结果，小芳越想越生气，越想越觉得对方有错，越想越怨恨对方。久而久之，不仅难以忍受他人的过错，自己也很难有顺心的时候。

小芳觉得自己心里很苦，但也说不清为什么苦。后来，妈妈告诉小芳："别拿别人的错误来惩罚自己"，并告诉她可以用这句话来宽慰自己。

然而，面对生活中的一地鸡毛，比如上课听不懂，考试不及格，同学不跟她交往……小芳还是忍不住生气，内心感到痛苦煎熬。

不要以为孩子还小，就可以免遭此类事件的伤害。素质差的孩子撒起泼来，一般都不管对象、不分场合。

个人的豁达体现在落魄的时候；个人的涵养体现在生气的时候。要引导孩子不要为过去的事情徒增烦恼，也不要为眼前的事情糟心烦忧，让他们控制自己、少发脾气、多些理智。

生气就是拿别人的错误惩罚自己，不仅会让孩子陷入情绪的漩涡，还会对他们的身体造成危害。与其这样，不如让孩子放过自己、善待自己。

作家鲁先圣有段话很深刻：

发怒是用别人的错误惩罚自己；烦恼是用自己的过失折磨自己；

后悔是用无奈的往事摧残自己；忧虑是用虚拟的风险惊吓自己；

孤独是用自制的牢房禁锢自己；自卑是用别人的长处诋毁自己。

人生最高级的活法莫过于：减少发怒的次数，放下无用的烦恼，看淡无谓的后悔，停止多余的忧虑，享受独处的美好，戒掉过多的自卑。终有一天你会发现，美好往往都来自这 12 个字：放下别人的错，解脱自己的心。

美国作家约翰·斯坦贝克（John Steinbeck）说："一个失落的灵魂能够很快杀死你，远比细菌快得多。"的确如此，长期处于负能量的状态下，会极大地损耗身体。既然事情已经无法改变，就不要抱怨，否则会把情绪弄得糟糕透顶。为不值得的人生闷气，会让孩子的身心倍感折磨。

无处发泄的情绪一次次堵在心里，会让孩子将自己逼进死胡同。古人常说："郁结于心，困顿于情。"如果某人只能为孩子的生活带来阴霾，那他是一个不值得相交的人。所谓不值得，是指不值得付出真心，不值得耗费时间，不值得为之生气。人生苦短，不要让不值得的人影响了孩子的心情，也别为了不值得的人毁掉孩子的一生。

二、不要拿自己的错误来惩罚别人

人们常常会为自己的过错而痛悔，但很多人虽然痛悔，却还要疯狂地寻找能够掩饰过错的理由。于是，他们就会情不自禁地去惩罚别人，而那些无辜受到惩罚的人，迟早都要奋起自卫。这样，拿自己的错误惩罚别

第五章 "三乐"和"三不要"有效预防青少年抑郁

人,人生岂能不累?

女孩娜娜长得非常可爱,整天都洋溢着阳光向上的气息,不管发生什么事,也不管大家什么时候看到她,她都是乐呵呵的,小区里很多人都非常喜欢她。可是,最近娜娜变得郁郁寡欢,总是一个人在树下发呆、在跷跷板上流泪,周围的人非常担心她。

热心的郭阿姨忍不住跑过去问娜娜发生了什么事,一开始娜娜不愿意说,后来她才告诉大家:原来是因为最近爸爸妈妈经常吵架,而且他们吵完架后,不管娜娜做什么事情都会迁怒于她、骂她,她感到很害怕,不敢回家了。

无论发生什么事,家长都不能将自己的情绪发泄到孩子身上。孩子还小,认知能力还没有发展充分,当父母对他们宣泄负面情绪时,他们根本不明白父母为什么会这样,反而会觉得是自己惹的祸。如果孩子产生了这种想法,就可能变得自卑而敏感。

在快节奏的当下,家长们都承受着巨大的压力,都需要宣泄情绪。但是,如何宣泄、宣泄的对象是谁,这便是家长们应当谨慎考虑的事情。

不想让孩子变得抑郁,就不要让他成为无辜的情绪"垃圾桶"。

1. 将坏情绪关在门外

家长要给坏情绪找个出口,让它发泄出去,不要把坏情绪带回家。

妈妈从外面回来，看到儿子没做完作业，想发脾气。爸爸正在和儿子聊天，也正想要对他发脾气。儿子看着爸爸妈妈同时都想要教训自己，便对他们说："你们发这个火，回家前要考虑一下，每个人身上都有一个瓶子，如果瓶子里的水都装满了，就会溢出来。你们每天的工作把瓶子装满了，回到家只要看到我任何一点儿不好，瓶子就会溢出来，情绪也就发泄在我身上了。你们能不能回家前，就把这个瓶子倒一下，或者你们带两个瓶子，在外面一个瓶子，那个瓶子不影响你回家后的情绪。"

2. 让自己冷静下来，合理宣泄怒气

每个人都会生气，当我们想发脾气时，不妨先在心里默数几个数，让自己冷静一下。

一个陆军部长向林肯抱怨自己受到了少将的侮辱。林肯建议部长写信把自己的不满全部骂回去。部长写好信准备寄出去的时候，发现自己已经没有那么生气了。林肯说："我生气的时候也是这么做的，写信就是为了解气。如果你还不爽，那就再写，写到舒服为止！"

3. 及时反省，及时道歉

对孩子发完脾气，要及时反省自己：是孩子做错了，还是在拿孩子出气？一旦发现是自己的情绪迁怒了孩子，就要及时道歉。相比对孩子发火，胡思乱想对孩子的伤害更大。

要告诉孩子："对不起！妈妈发脾气并不是因为你，而是因为在外面受了委屈。妈妈向你道歉，我永远爱你。"一声道歉或一个拥抱足以消除孩子心中的芥蒂。

三、不要拿自己的错误来惩罚自己

扪心自问：有多少烦恼是自己同自己过不去？

"人非圣贤，孰能无过？"如果一有过错，就沉陷在无尽的自责、哀怨、痛悔中，人生的境况就会像泰戈尔所说的那样："不仅失去了正午的太阳，而且将失去夜晚的群星。"

1. 及时教育

孩子行走在人生之路上，都会有迷茫犯错的时候。发现问题后，家长只有及时纠正和引导，不纵容宠溺，才能有效预防孩子抑郁。

2. 有效沟通

讲道理是最好的方式，既可以让孩子养成倾听的习惯，建立良好的沟通，又可以纠正他们的错误行为，但要讲究一定的技巧。成人与孩子之间的沟通大多是协商和恳求，不要轻易打骂孩子，要维护孩子的自尊心。

3. 鼓励孩子勇敢面对

孩子犯错时，要鼓励他主动承担责任。一个勇于面对自身错误的孩子即使偏离了人生的道路，也能及时回头。可以让孩子对事件作出解释，但也要让他明白，解释不是为了推卸责任，而是让他知道自己错在哪里。批评本没错，但是要让孩子知道界线、知道对错，这样才能帮助孩子成长。

4. 告诉孩子：我永远和你站在一起

"我永远和你站在一起"是对孩子最大的心理支持。孩子犯了错，家长要和孩子一起面对，而不是一味地指责、批评和推卸责任。

5. 给孩子足够的时间成长

孩子的成长需要经历一个过程，有些错误需要时间慢慢改正，家长不能心急，要耐心地对孩子作出引导，帮他们发现错误并改正。

下篇

青少年抑郁心理干预

第六章　建立自尊：尊重自我的孩子，患抑郁的概率会少很多

◆ 自我感觉良好，对远离抑郁至关重要

早晨让孩子对自己说："你是最棒的！"在接下来的一天时间里，他多半都会自信满满！

现代心理学之父威廉·詹姆斯（William James）在100多年前就得出这样一个公式：

自尊＝成功 ÷ 自我期望

根据詹姆斯的说法，得到的成功越多，期望越低，自尊就会越高。那么，如果降低对自己的期望，提高自尊，就可以增加自己的成功率。

詹姆斯认为，良好的自尊包括两部分：一个是感觉满意；另一个是表现满意。这种好的感觉根植于我们与世界的成功交流。由此，自尊可以被

定义为：

（1）对自己的思考能力和应对日常基本挑战的能力有信心。（表现满意）

（2）对自己有权利高兴、感觉有价值、有权利追求欲望与需求以及有权利享受努力所获得的成果有信心。（感觉满意）

当孩子对自己感觉良好时，就能与父母和周围的人更好地相处；当孩子知道父母有多喜欢他们时，就能增强自尊，摆脱抑郁等不良情绪。

自我感觉良好的孩子一般都具有以下几个特点：

1. 孩子懂得控制情绪

失控的情绪就像脱缰的野马，既会影响孩子与世界的相处能力，也会影响孩子未来事业的发展、家庭的幸福。懂得控制情绪的孩子，情商一般都很高，能建立积极的伙伴关系，未来与世界能友好相处。

聪明的孩子绝不会乱发脾气，遇到问题时，也会耐心解决，同时控制自己的情绪，不急不躁，冷静地面对问题。

2. 孩子想哭就哭

如果孩子受到委屈时只会忍着，那是父母的失败。因为孩子不确定自己是否被爱、被重视，即使心里痛苦，也不敢说、不敢哭、不敢闹，开心时也做不到完全释放自己，活得自卑又拧巴。孩子能做到想哭就哭，其实是变好的征兆。只有不压抑自己，也不讨好别人，始终忠诚于内心真实的自己，才能活得阳光而开朗。

3. 孩子懂得欣赏自己

把孩子养得自我感觉良好其实是一件值得欣慰的事。心理学上有一个"镜中我"的概念，即人通过镜子认识自己，通过他人的评价认识自我。孩子的价值感，源于父母的这面"镜子"。

父母认为孩子可爱，孩子便觉得自己可爱；

父母认为孩子优秀，孩子便觉得自己优秀；

父母认为孩子好，孩子便觉得自己好。

父母与孩子的互动方式决定了孩子与自己的相处方式。只有懂得接纳、尊重、欣赏孩子的父母，才能培养出同样接纳、尊重、欣赏自己的孩子。

4. 孩子能亮出信心

杜根定律告诉我们：强者不一定是胜利者，但胜利迟早属于自信的人。孩子需要自信，就像植物需要阳光和水。因为自信的孩子，无论在任何时候，都敢展现自己，即使暂时做不好，也不担心被训斥或嘲笑。

这种底气的习得，靠的是父母的鼓励和支持。父母总盯着孩子的缺点，常用侮辱、挖苦等方式批评他们，孩子的自尊心就会受到打击。消极负面的评价会不断地提醒孩子的不足，孩子就会慢慢变得畏首畏尾，不敢轻易展现自己。

自卑源于内在的负面自我评价，根源于内在的匮乏与无力。有远见的父母都会赋予孩子强大的底气。有底气的孩子，才有勇气勇往直前。

5.孩子能体会到独处的快乐

如果孩子一个人也能自得其乐，就不要轻易打扰他。懂得享受独处的孩子，通常都会集中精力做好一件事，保持高度的专注，学习效率更高，更善于静下心来独立思考，自己的判断不会轻易被外面的声音影响，更能活出真实的自我。

日本作家午堂登纪雄说过："任何成长的节点和对生命深刻的理解，都必须经历独处和内省才能到达。"独处，也是一股成长的力量。让孩子拥有自己的空间，有一段独处的时间，自由自在地做自己喜欢的事，这样，孩子在热闹中失去的，也能在独处中找回来。

◆多做自我肯定，肯定自己的价值

在心理学中，自我肯定力是一项非常重要的能力。简单来说，就是能够接受自己、欣赏自己、喜欢自己。然而，高估自己的孩子，通常都不愿意接受别人的意见，只能失去学习机会；自卑的孩子不敢发挥自己的潜力，不能积极地追求梦想。只有拥有恰当的自我肯定力，孩子才会明白自己的长处和短处，接受自己并鼓励自己向前；既不会歧视他人，也不会感到自卑。

许多实例证明，有些孩子之所以变得越来越自卑，甚至陷入抑郁情节，一个重要原因就是父母以完美主义的态度过高地要求孩子，孩子被包围在批评乃至埋怨的海洋中，逐渐丧失自信。

当孩子拥有强烈的自我肯定感，就会对自己充满信心，相信自己的能力。当他们遇到人生中的各种困难时，不会想要逃避或者寻求父母的庇护，而且具有强烈的挑战精神，敢于尝试。哪怕失败、跌倒，这种源自内心的自我肯定也能支撑他们重新站起来、继续坚持。

自我肯定感高的孩子能够尊重自己，也能够尊重周围的人和事，他们更加包容，不过分苛责自己和他人，更加乐观开朗，生活得也更加幸福和快乐。

如果每做一件事，孩子都在潜意识中对自己做出否定："我不行""我的脑子不好使""别人就是不喜欢我"等，孩子就容易抑郁。孩子需要通过从心理上不断地自我肯定来获取前进的原动力，对自卑的孩子来说，摆脱自卑的阴影并树立自尊和自信，自我肯定非常重要。

1. 适当降低对孩子的要求

对待已有自卑心理的孩子，父母应适当地降低对孩子的要求。比如：孩子画了一匹马，你最好不要过多地挑剔这里不好、那里不像，应该发现孩子的每一个成功之处并由衷赞赏："看，马尾巴画得真好，好像是在风中飘舞一样！"或者"你为马涂的颜色真漂亮！我敢说这是世界上跑得最快的马！"

需要强调的是，父母要让孩子觉得：你对孩子的赞赏完全是诚恳的，不是应付的、客套的，更不是虚伪的、做作的。为了实现这样的目标，父母要在思想方法上作出调整，在表述上讲究方式。

其实，让自卑的孩子学会自我肯定的首要目标就是：帮助孩子从自己的行为中获得满足和动力。因此，要让孩子懂得：做该做的事，并把它做好。

2. 变更表扬的主语

让孩子多作自我肯定的最简单的方法是：变更你对孩子作出表扬的主语：把"我"改成"你"，把"我们"（父母）对你（孩子）的表扬改成"你"（孩子）对自己的表扬。这种简单的变化，能够让孩子认识到自己的行为是正确的，会起到一种增加对孩子赞赏的效果。比如："你今天用积木盖起了这么高的大楼，我真为你感到自豪！"可改为："你今天用积木盖起了这么高的大楼，你一定为自己感到自豪！"

3. 鼓励孩子确立主心骨

父母可以对自卑的孩子多表扬，但其他人（包括小伙伴们）却不一定能完全做到这一点。他们或许会"实话实说"，或许会故意挑剔，甚至讽刺挖苦。

然而，孩子不可能永远地依赖别人的评语，迟早要依靠自己内心的动力前进。如果孩子完全依赖成年人的赞许，连怎样认可自己都不知道，即使长大后成了球员，比赛时每打出一个球就回头看看教练的脸色，也无法成为一个成熟的球员。因此，家长要指出孩子的正确之处，然后提醒他们不必过分看重别人的评论。

孩子因做了错事而遭到批评，觉得丧失了前进的方向时，就要告诉他："对待批评的最好办法便是承认并改正。"当孩子主动承认错误时，你完全可以告诉他："你这样做很不容易，因为这需要很大的勇气，你可以对自己说你做了一件了不起的事。"这就是成功，也是对孩子最好的肯定。

4. 努力强化孩子的自我肯定

对自卑情绪严重的孩子来说，心中的自我肯定往往是脆弱的、飘摇不定的，需要不断得到外界的强化。强化孩子自我肯定的方法有很多，比如可以让孩子为自己记一本"功劳簿"，每周花几分钟时间写出（或画出）自己的"功劳"，并告诉孩子："所谓'功劳'不一定非得是了不起的成就，任何小小的进步以及为这种进步所做出的努力，都有资格记载入册。"

可以为孩子准备一些小奖品，比如画片、玩具、小人书等。孩子只要做出一点儿成绩或一件令他自己感到自豪的事，就可以获奖。

可以教孩子学会以"自言自语"的方法不断对自己作出赞扬。当孩子遇到困难正踌躇畏缩时，不妨鼓励他们给自己鼓劲："来吧！小朋友，你是一个不怕失败的好孩子，再作一次努力吧！"

◆专注于自己的优点,有助于顺利渡过困境

孩子就像一粒种子,有着与众不同的基因,每个生命的独特之处应该成为家长养育孩子的出发点。如果孩子总是关注自己的缺点,觉得自己什么都做不好,就会怀疑生活的意义和生活的价值,只有看到自己的长处、找到自己的优势,他们才能获得自尊心、自信心和自豪感,从而才能减少抑郁的出现。

卡丝·黛莉非常有音乐天赋,却长了一口龅牙。

第一次演出时,为了盖住突出的龅牙,黛莉努力将上唇向下,结果表情非常可笑。

下台后,一位观众对黛莉说:"龅牙并不可怕,只要你自己不以为耻,全身心投入表演,观众就会喜欢你。"

卡丝·黛莉接受了建议,不再想那口牙,只关心观众,终于成为一名观众喜爱的优秀歌手。一口龅牙没给黛莉带来任何影响,反而成了她形象的特色。

每个人都有自己的优势，也有自己的劣势，只要尽情地发挥自己的优势，劣势就不会被人注意，反而让人觉得一个人的优势和劣势的组合才更真实、更完美。

有人对很多成功人士做了研究，发现他们的成功之道就是：最大限度地发挥优势，而不是克服弱点。因为只要将时间和精力投入到优势上，往往能取得事半功倍的效果；相反，如果投入到克服弱点上，只能事倍功半。而且，在自己的优势领域发展时，是高效的、快乐的、幸福的。

积极心理学之父马丁·塞利格曼（Martin E.P. Seligman）曾经说过："我不认为你该花太多时间去改正自己的弱点，相反，我认为生命最大的成功在于建立及发挥你的优势。"因此，父母对待孩子的优势要和对待他的不足一样上心。

1. **优势由积极情绪发展而来，在孩子7岁前，父母应注意孩子积极情绪的培养**

孩子小的时候（7岁以前），其优势并不明显，父母要发现孩子的优势并不容易。然而，积极情绪在孩子很小的时候就出现了。如果在孩子很小的时候，就培养和提升孩子的积极情绪，这些积极情绪就会促使他们去探索并获得掌控感。这种掌控感不仅会反过来增加孩子的积极情绪，还会使他们发现自己的优势。

到7岁时，家长就可以很明显地看到孩子的优势了。这时候，就可以采取以下方法来建构孩子的积极情绪了：

（1）和孩子一起睡，这是让孩子获得安全感的好途径。

（2）常和孩子玩同步游戏（适合孩子年龄段的游戏），让孩子获得更多的掌控感。

（3）和孩子说话时多用肯定词"是"，少用否定词"不"，以减少孩子的习得性无助和叛逆。

（4）有选择地称赞和惩罚。泛泛的无条件的称赞并不能让孩子获得掌控感，反而容易造成其盲目自信；而惩罚会妨碍积极情绪。所以，称赞和惩罚都应该是具体的，针对具体的行为；同时，要减少惩罚，保证惩罚只针对行为，不针对人格。

（5）孩子到了小学阶段，可以根据孩子的特点和优势来分配任务，化解兄弟姐妹之间的嫉妒。

（6）利用睡前时间，和孩子一起回忆当天的幸福时光。

（7）孩子反复出现比较糟糕的行为且各种教养方式都失效时，可以和孩子"做交易"：给孩子准备某个期盼很久的东西做交易品，条件是他必须改变某个行为。

（8）和孩子制订计划时，态度一定要积极，不要使用否定词"不要"来写计划。

2. 父母的称赞和关注可以引导孩子向优势方向发展

孩子的优势和父母的引导有着密切关系，孩子做某些事时，如果能收到父母的称赞和关注，他们就会产生更多的积极情绪，并刻意多做这方面的事情。在他们今后的日子里，这些优势就会逐渐固定到他们擅长的方面。

塞利格曼认为："塑造孩子个性的过程就是他的优势、兴趣和天赋的交互作用的过程，当孩子发现在自己的小小世界中什么是有效的、什么是行不通的时候，孩子就会特别去发展他们的优势，而放弃不擅长的部分。"因此，父母要有一双睿智的眼睛，努力发现孩子的优势；一旦发现，就要明确说出来，并给予孩子奖励。慢慢地，孩子就会开始偏向于只做那几样他最拿手的事，这就是孩子优势发展的开始。

第七章　改善情绪：消除负面情绪，方可走出抑郁的泥潭

◆哭一哭：感到难过了，就大声哭出来

有这样一个故事：

小萱4岁时，爸爸给她买了一只仓鼠，结果不知什么原因，没过多长时间，仓鼠就死了。

小萱哭了很长时间，爸爸却回应说："没关系，不就是一只仓鼠嘛！我再给你买一只。"

"我不要，我就要这一只仓鼠！"小萱哭着说。

爸爸继续解释着："这只仓鼠已经死了，回不来了，爸爸再给你买只一样的，好不好？"

"可我就是要这只仓鼠！"小萱说完一直在哭，爸爸怎么哄都没用，爸爸有些生气了："不就是一只仓鼠嘛！有什么好哭的，还一直哭，怎么没完没了啊！"

小萱听了，一边哭，一边尖叫："我就是要这只！"

爸爸生气地将死了的仓鼠和笼子一起扔到了垃圾桶里。小萱哭得更伤心了，饭也不肯吃，半夜还发烧了，爸爸又气又急："为了一只仓鼠不吃饭，睡不好觉，那么脆弱，以后可怎么办？"

孩子通常都有个柔软的布偶、衣服、枕头或其他物品不可割舍，不论它变得多脏多臭，孩子都不会嫌弃，也不会允许其他人擅自对它做任何事情，不允许其他任何人改变它，包括父母，只允许自己去改变它的状态。孩子的仓鼠死了，在某种意义上来说是她"失去了自己创造"的物品，不是简单地重新买一个就可以让孩子满意的。因此，当孩子失去最心爱的东西时，请允许他悲伤，让他们尽情地哭泣，将悲伤的情绪发泄出来后，孩子的身心才会更健康。

父母不要用任何强制的手段来抑制孩子的悲伤情绪。从某种程度上讲，压抑孩子的悲伤就是在消灭他爱的能力，会让他变得冷血无情。要记住：此时此刻，孩子最需要的是有人能理解他的悲伤，分担他的哀痛，听他们诉说内心的委屈；而父母则是化解孩子伤痛的最佳人选。

当一个可爱的乖孩子站在你的面前时，不哭不闹，不提任何无理的要求，人们都会觉得这个孩子惹人喜爱。成年人都喜爱乖巧懂事的孩子，但当孩子不再表达自己的情绪、不再哭闹撒娇，转而压抑自己心中想法时，这是否是一件好事呢？

很多父母受不了孩子哭或不允许孩子哭，发现孩子哭时，第一个反应就是，想办法让他们停止哭泣：

（1）训斥孩子不许哭，让孩子憋回去；

（2）干脆把孩子撂在一边，让孩子哭个够；

（3）让孩子产生羞愧感，比如"你看你都这么大了还哭，丢不丢人，你还是不是男子汉！"

（4）稍微好一点儿的父母，会一边安慰孩子，一边问"你为什么哭啊"，或者说"没事，你看那有好玩的，我给你买好吃的"，试图转移孩子的注意力。

这些方法或许当时能取得一定的效果，孩子的确不哭了。然而，以后再次遇到阻碍的时候，孩子也不哭了，但孩子却把本应该发泄出来的情绪藏在了心底。

法国心理学家伊莎贝拉·费利奥莎指出：表面上不再有情绪的孩子，需要有人帮他们从那个壳中走出来，勇敢地让自我得到重生；孩子越否认自己的痛苦，越说明他内心的痛苦非常强烈。

从心理学角度来说，哭泣并非全无益处，孩子心中充满悲伤痛苦，通过大哭流泪的方式将悲痛的情绪发泄出来，对孩子的身心健康反而是一件好事。心中悲伤难抑，强行将伤痛埋在心里，心情会更加糟糕，情绪会更加低落；放声大哭一场，哭过后身心就会觉得轻松，压力就会减轻，悲伤就能得到释放，情绪也因此能稳定下来。

心理学家指出，通常爱哭的人比不爱哭的人心理更健康。因为哭泣是一个发泄途径，将内心的不良情绪发泄出来有助于维持心理的健康与平衡。因此，当孩子大声哭泣时，请不要盲目地制止或指责孩子，而要搞清楚孩子哭泣的原因，给他一个温暖和宽容的怀抱，接纳他的悲伤，倾听他的痛苦，然后再和他一起寻找解决问题的办法。

1. 不同性格的孩子要区别对待

如果是外向型的孩子，可以让他大哭一场；如果是内向型的孩子，可以在他默默流泪的时候给予安抚和拥抱。这些都是积极的自我调节手段，孩子只有将内心的负面情绪发泄出去，才可能使正面情绪生根发芽。

2. 要格外注意不宣泄悲伤的孩子

遇到令人悲痛的事情时，如果孩子不哭不闹、异常安静，不要误认为孩子生来坚强，他们只是不知道如何宣泄内心的悲伤。有的孩子会用表面的麻木来掩饰内心的伤痛，这类孩子要么是出自对伤痛的自我防御，不愿接受事实；要么就是因为父母太过严厉，让他们不敢尽情流泪。无论是哪种情况，对孩子的身心健康都是不利的。孩子要么会长久地沉浸在悲伤中不能自拔，要么会变得冷漠无情。因此，要让孩子把悲伤的情绪尽情地宣泄出来，只要不妨碍他人、不伤及自己，采取哪种方式都可以。

第七章 改善情绪：消除负面情绪，方可走出抑郁的泥潭

◆跑一跑：撒开腿，到附近跑几圈

运动也是帮助孩子宣泄情绪的一种好方式。

很多孩子像"混世魔王"一样，无论走到哪里，都要发出"乒乒乓乓"的声音，见什么捣鼓什么，只要他走过一遍，几乎没什么东西是完整的。这种孩子还喜欢打架，弄得小朋友都不愿意和他一起玩。这是什么原因呢？其实，这是因为他内在的情绪通过"动能"宣泄出来了，心里有情绪，又无法释放，只能通过这种破坏的方式宣泄出来。

既然情绪可以通过"动能"转化出来，我们也可以采取运动的方式来替代。体育运动能促使大脑分泌多巴胺，多巴胺会促进孩子的正面情绪，使孩子不易得抑郁症。

从小"动"得多的孩子，情绪性格一般都比较好。具体地说，孩子"动"得满头大汗，体温上升会加快身体的血液循环，一方面有利于身体发育成长，另一方面可以帮助身体把更多的养分输送到孩子脑部，让孩子大脑的前额叶皮质受益。

值得一提的是，大脑的前额叶皮质主要管理人的理性思维，可以帮助孩子理性思考而不是由冲动情绪控制大脑。同时，孩子运动或玩耍过

程中的"动"还会让大脑释放出更多的多巴胺，可以给孩子带来愉悦的心情。

孩子每天运动和玩耍的时间都不能少于1小时，家长要鼓励年幼孩子，尤其是学龄前或学龄阶段的孩子每天的运动时间不少于1小时。对于孩子来说，"动"的活动可以包括：追、跑、跳跃、踩单车、跳绳、骑滑板车、轮滑，专门的运动等。这些都可以让人体血液循环"动"起来。

要想孩子的安全和健康有保障，就要让他们多动。

（1）1—3岁

这个时期，相比进行正式的运动项目，让孩子动起来更合适。培养孩子的运动兴趣，能够让孩子坚持锻炼，为以后的生长发育打下良好的基础。

该时期孩子的肌肉、骨骼、心肺功能等都尚未发育成熟，可以选择走、跑、跳、爬等简单的运动，并结合游戏的形式，增添其趣味性。

需要注意的是，此时的孩子还处于缺乏安全意识和自我保护能力的阶段，家长要让孩子在自己的视线范围内进行锻炼。

（2）3—6岁

孩子在3—6岁处于基本动作技能发展的关键时期。此时，可以在简单的走、跑、跳基础上将运动的形式丰富起来。孩子进行的运动应围绕提升其体能、协调能力、感统能力等来进行，比如抛接球、跳绳、踢毽子等能提高孩子协调能力的运动；往返跑、跳绳、体操等能够有效提升孩子的耐力、肌肉力量的运动。家长要结合孩子的自身情况，由易到难、由简入繁地增加他们的体育锻炼，从而促进孩子身体各方面的发展。

（3）6—12岁

这个阶段的孩子肌肉骨骼发育逐步完善，耐力、注意力、灵敏度均有所提升，家长可以根据孩子的兴趣培养孩子的运动能力，进行一些正式的体育项目。其中，**各种球类运动（乒乓球、羽毛球、篮球、足球等）**、舞蹈、体操、武术、跆拳道、游泳等都是常见项目。只要保证孩子采取了身体防护措施，控制好运动时间和运动强度，就可以持续地进行运动锻炼。

◆唱一唱：听听音乐，唱一曲

音乐是一种特殊的语言教育，在开启智慧、训练自制力方面发挥着特殊作用。美国加州大学的研究人员发现：唱诗班的成员在每次排练后，体内的免疫球蛋白A含量会增加150%，而在一次公开演出后，这种免疫球蛋白更是增加了240%。唱歌早已被作为一种特殊的治疗方法广泛运用于抑郁症等精神类疾病的治疗中。

丁丁每次起床之后都自己穿鞋子，但每次他都因为穿不好或穿不进去而把鞋子踢掉。

遇到这种情况,相信很多父母都会帮助孩子去穿或者教孩子怎么去穿鞋子。的确,这样做确实可以。但除此之外,还可以利用音乐来安抚孩子的情绪。比如:孩子闹情绪,可以让孩子听些音乐或儿歌童谣。儿歌童谣简单、朗朗上口,孩子只要一听,就会跟着轻轻地哼唱,孩子就会从中体验到成功的喜悦。这种愉悦还能对孩子的学习起到催化的作用,使孩子对接下来要参加的游戏或活动产生浓厚的兴趣。在这种兴趣的驱使下,孩子在游戏活动中就会自觉地遵守规则。

适当地运用唱音乐儿歌的方式,可以达到提高孩子自我控制能力的目的。伤心、愤怒会使人体产生很多危害健康的物质,而唱歌恰恰能将这些物质排出体外。在唱歌的过程中,人的情绪也会慢慢缓和,当孩子感到抑郁时,最好让他们放声高歌。不管唱什么、跑不跑调、会不会,这些都不重要,重要的是把体内积攒的郁闷之气唱出来。

研究表明:唱歌直接作用于神经系统、大脑网状结构、边缘系统及大脑皮层,这些部位与自主神经系统密切相关,正是人体器官及内分泌腺体的控制者,唱歌可以使内啡肽释放增加。

唱歌时,身体会释放出 β - 内啡肽,这种物质有镇痛作用,可以给人带来愉悦感。研究发现:和被动听音乐或开心闲聊相比,主动唱歌更能让人产生积极乐观的感觉。不开心的时候唱歌,释放的 β - 内啡肽也能降低痛苦的感受，让人更容易从负面情绪中走出来。所以，爱唱歌的孩子看起来都很快乐，平时也会表现得更开朗、更自信。

唱歌还是一种全身心的协调运动，与气功异曲同工。唱歌能使人心情愉悦、精神振奋、调节身心、排除不良心境。全身振动还能使人体更加平衡，从而改善五腹六脏的血液循环系统，增加肺活量，极大地提高氧气的利用率，进而最大限度满足机体需要。

唱歌，是表达情绪、抒发情感的最直接方式。经常唱歌的孩子不一定都能成为专业歌手，但他们都会拥有一个正确宣泄情绪的途径，不容易累积负面情绪。在烦恼、忧伤、高兴、紧张时，唱歌可以使他们很快地调整情绪和状态，重新投入到学习和生活中。从这一点来说，唱歌可以让孩子受益一生。

◆画一画：心情不好，可以涂涂鸦

随手乱画有助于表达和宣泄，获得放松的感觉，并把积极的信息带入头脑。为了改善孩子的抑郁情绪，可以让他在学习的间隙，花一两分钟画画、涂色，分散其注意力，对大脑起到镇静作用，使其平复心情后更能集中精力干好手头的事情。

为了让孩子把课堂上美术老师安排的作业画得更好，妈妈让孩子把课堂上画的兔子回家再重画一遍，然后拿给她看。

她发现，第二张线条构图确实画得更完整，不过，小兔子的表情变了：嘴巴弧线由向上微笑变成向下委屈的样子，竖起来的耳朵变成向下耷拉垂头丧气的模样，衣服的颜色由粉红色变成了深蓝色……

妈妈一眼就能看出哪张是重画的，因为孩子不开心了，情绪都在画里。

心理学家说："涂鸦能把我们从压力情绪中解放出来。"绘画是一种使平面生动起来的艺术，笔墨纸间构建的不仅仅是一个虚拟的世界，更是绘画者自己的心灵世界。家长可以在家里的某个角落，专门腾出一小块地方，在墙上贴满报纸，在孩子情绪激动的时候，让孩子在涂鸦区任意涂鸦，以宣泄情绪。

著名教育家迪斯特·韦赫指出："画1小时画获得的东西，比看9小时收获的东西还多。"这也是为什么很多心理学家治疗病人的时候要先让病人画幅画的原因。在儿童心理学中也有这一项，通过对孩子绘画的分析，就能了解他们的情绪，找出心理疾病的根源。

孩子有着天生的童趣和强烈的表现欲，他们会将自己的喜怒哀乐跃然纸上。在他们用不太丰富的语言来表达内心世界的时候，通过手脑结合的方式，绘画便产生了。

每幅画都是孩子内心真实思想的写照，是孩子情绪的外在表现，比如如果孩子的涂鸦线条生硬、混杂、重叠、颜色暗淡，说明此刻他或许正有不良情绪；如果孩子的涂鸦线条柔和、丰富、颜色明快，则表示孩子的情绪是健康的，心情也是不错的。

绘画是人类表情达意的一种方式，无论是孩子的还是成人的绘画作品，都附带了个人感情因素。没有感情的作品是僵硬死板的、无生命力的。所以，如果孩子情绪不佳、感到抑郁，正在涂鸦或画画，那就不要打扰他。

◆写一写：将烦恼统统"卸载"到纸上

"独在异乡为异客，每逢佳节倍思亲"，是唐朝诗人王维在长安谋取功名后表达对故乡的思念之情时所作。在中国古代，不少文人墨客都喜欢借助诗词来抒发自己的情感，或者是怀才不遇的苦闷，或者是思念亲人的惆怅，或者是向往未来的憧憬。处于抑郁期的孩子，同样也可以用写日记等方式来表达自己的情绪。

在呦呦的日记中，出现了很多"我想尖叫""闷死了""无聊极了"等语句，当然更多的是她日夜想对爸爸妈妈说的话：

"妈妈，请你不要对我发火，道理我都知道。如果你能温柔一点儿、耐心一点儿，也许我会慢慢喜欢上画画，享受画画的美好。"

"有时候您的一句话都能让我控制不住想爆炸，我有许多话想对您说：'不要把我与别人比较，我有我的特点。'"

……

日记中的"心里话"确实让同龄人感慨："孩子压力很大，爸爸妈妈应该多理解我们。"

写日记有助于缓解由于情感纠结和思虑过度或胡思乱想而产生的压力，还可以宣泄释放一些不良情绪，让孩子更好地处理负面情绪。把日记当作一个"树洞"，孩子通过写日记能很好地排解情绪，而不是闷在心里。

美国得克萨斯大学奥斯汀分校的社会心理学家詹姆斯·潘尼贝克教授首次用实验研究证明：书写可以有效改善人们的情绪和健康状况。他发现：书写烦心事，不仅有益于心理健康，还可以增强免疫系统的功能，让人少生病。目前，书写已被广泛用于临床心理治疗、医学和教育等领域。

1. 书写有助于表达和宣泄情绪

有些孩子遇到不开心的事情后，喜欢将情绪和想法深埋在心里。被压抑的情绪就如同被堵住的洪水一样，久而久之，便会形成一股强大的压力，继而使孩子变得抑郁。如果这种压力长期得不到合理缓解，终会像洪水决堤一样对孩子的身心健康造成损害。

"大禹治水"的故事告诉我们：对付洪水应该用"疏"而非"堵"的方法。同样的，孩子感到抑郁时也应该用"表达"而非"压抑"的方法。书写就是一种表达情绪的好方法。

2. 书写有助于改变认知

孩子的抑郁情绪往往不是由事件本身引起的，而是由孩子对事件的看法引起的。因此，只要改变孩子对事件的看法，就可以改善抑郁情绪。通过书写自己对某件事情的情绪和想法，孩子就有更多机会重新认识这件事情，从而对这件事情形成新的看法和态度。

3. 书写有助于澄清情绪和想法

储存在人脑内的情绪和想法往往是模糊不清的，语言则是相对具体的。通过书写，孩子能将情绪和想法语言化或符号化。用潘尼贝克教授的话来说，书写就是将模糊的模态信息转换成具体的数据信息的过程。情感认知神经科学的研究也证明：这种转换可以有效地调节情绪，让人们变得不那么愤怒、悲伤或恐惧。

第八章　健康人际：和谐的人际关系，也能让孩子远离抑郁

◆ 人际关系 VS 心理健康

人与人之间通过相互联系、接触、作用，构成人与人之间心理上相互吸引或排斥。这是一种相对稳定的关系，关系的深度主要体现在交往过程中亲密性、融洽性和协调性等程度。

人具有一定的社会属性。人之所以成为人，就是因为人具有社会性，而社会性就要求人要进行交往。因此，人际关系尤为重要，是孩子健康成长的基本条件。

弗洛伊德曾说："人伴随分娩而产生的基本焦虑，只有依靠他人才能得到缓解，在他人的轻轻拍打、安抚下，才能得到拯救。"马斯洛也认为，每个人都具有这样一种基本需要：需要归属于一定的社会团体，需要得到

第八章 健康人际：和谐的人际关系，也能让孩子远离抑郁

他人的爱与尊重。这些社会需要与吃饭穿衣等生理需要同等重要，需要被满足，否则孩子就会丧失安全感进而影响其心理健康。

基于自己的成长经验，著名心理学家卡尔·兰塞姆·罗杰斯（Carl Ransom Rogers）提出了人际关系哲学，强调人际关系交往对个体成长的意义。罗杰斯出生于一个虔诚的宗教家庭，周围的邻居都是异教徒，小罗杰斯只能被父母关在家里，不能与邻居的孩子一起游戏，罗杰斯感到非常孤独。这段离群索居的童年生活使罗杰斯非常渴望友谊，在别人看来非常普通的人际交往，他都觉得异常珍贵。

后来，他创立了自己的人际关系理论，并将人际关系上升为一种哲学。他认为，人与人的交往是可能的，人们不仅可以交流思想，还可以分享许多隐私的情感、对未来的梦想、内心的感受……此外，人际交往还是有益的，通过沟通可以相互启发，丰富彼此的思想；在友谊关系中，人们相互接纳，彼此帮助，可以促进双方的健康成长。

人际关系不仅是健康成长的基本条件，也是治疗抑郁心理的一个重要资源。抑郁的治疗方法有很多，虽然方法不同、技术各异，但有一个共同点，即都需要患者的亲人和朋友配合以支持治疗。对于支持治疗，最重要的支持是来自周围亲人与朋友的关心与理解。当孩子感到悲观失意、抑郁不快时，有亲人的安慰与关怀，他们精神慰藉就会倍增，使其获得战胜困难的勇气；相反，如果亲人冷言冷语，孩子就可能跌入失望的深渊，变得更加抑郁，甚至走上轻生的绝路。

良好的人际关系具有朋友多、人际和谐的特点，人们之间互相关心、互相爱护、互相帮助，可以降低心理压力、化解心理障碍、促进心理健康；不良的人际关系则缺乏知心密友，有话不想说也不能说，把所有的问题都积压在心中，如果问题得不到有效化解，心理问题就很容易积蓄放大从而产生心理障碍。

任何心理的形成都不是一朝一夕的事情，在孩子很小的时候父母就要多加注意。

1. 自卑心理

在与外人交往时，出于自身的外貌、学识等因素，有些孩子会存在自卑心理。这类孩子一般都主观能力差，不会表达自己的主见，喜欢附和别人做事情，做事时优柔寡断，缺乏胆量和气魄。他们与别人交流时，很难给出有价值的意见或建议，与其交往的人可能会觉得是在浪费时间，从而避而远之。

家长要鼓励孩子大胆表达，不管说得好不好，只是自己的看法而已，而且可以提示孩子尝试从另一个角度看问题。

2. 嫉妒心理

在人际交往的过程中，很多孩子都会有嫉妒心理，对于别人的优点、成就等不是欣赏，而是在心中产生妒忌，希望别人不如自己甚至盼望着别人出现问题。在与他人交往中，心胸狭窄、有着嫉妒之心的人通常都不会付出真心，别人自然也不会真心对待你。

家长要从欣赏孩子开始做起，让孩子学着去欣赏你，继而延伸到其他人。

3. 多疑心理

和人相处最重要的是信任，如果两人之间互相猜忌，或者无故去怀疑他人、捕风捉影、搬弄是非，这样的人只会让周围的朋友觉得他爱惹事，因而回避躲开。要真正做到信任别人，关键是要做到明辨是非。不辨是非就会多疑，辨是非则无疑惑。

因此，家长要教孩子学会明辨是非。辨是，要分清事实和观点；辨人，要看他做了什么，而不是说了什么。

4. 自私心理

与人交往中，有些人总喜欢贪些小便宜。如果别人不能提供给自己实质性帮助，就不愿意与之交往。他们喜欢我行我素，以自我为中心，很少会为他人考虑。这种自私心理很容易伤及他人，别人一旦深入了解后，就不愿意再交往下去了。因此，在孩子小的时候，家长就要让他们树立共赢的交友观，千万不要一次又一次地"在孩子占上风"时夸赞和鼓励。

5. 游戏心理

在人际交往中，有些人抱着游戏人生的心态，把友情当成儿戏，与别人交往都是做表面文章，缺乏真诚；当别人需要帮助时，也不予理会，有着这样心理的人是没法交到真心朋友的。在孩子小时候，如果家长不顾孩子的性格，对交朋友这件事情太过在意，孩子为了敷衍家长，就可能慢慢形成这种心理。

6. 冷漠心理

这种人自我感觉良好，把与他人交往看成是对别人的施舍或者恩宠，总是摆出一副高高在上、趾高气扬的样子，平时也是一张冷漠的面容，别人都不愿意接近。因此，家长要告诉孩子：人，应该自信，但不能傲慢。

◆引导孩子正确评估自己的人际关系

孩子的一生都处在各种起伏跌宕的人际关系中。这些关系承载着他们的情绪，可以让他们体验愉快、满足和幸福，也会带给他们沮丧、委屈和愤怒。如果不进行有效的梳理，这些体验就会交织在一起，让他们的内心蒙上一层雾气，看不清别人，更感受不到自己。

要想引导孩子正确评估自己的人际关系，就要重视以下几个维度：

1. 信任

让孩子问问自己：

在这个世界上，你有没有真正信任的人呢？

在生活中你最信任的人是谁？

你认为，如果你遇到了紧急情况，那个人会帮助你吗？

你认为，那个人真的会关心你吗？

你整体上感觉人们会注意并寻找你吗？

你觉得，同学有帮助你的可能吗？

2. 对自己和他人的感知度

让孩子问问自己：

对你来说重要的某个人，是一个怎样的人？

他总是这样吗？他看起来很棒或者很糟糕吗？

他有什么缺点或者优点吗？你觉得别人会怎么看待你呢？

你觉得他一直以最初的眼光看待你，还是以发展的眼光看待你？

如果和你亲近的某个人和你观点不一致，你觉得他为什么会那样认为呢？

3. 安全感

让孩子问问自己：

当你一个人的时候，感觉如何？是否会感到紧张或恐惧？

当父母没有和你在一起的时候，你对你们的关系仍然保持信心吗？

你经常担心被抛弃吗？

你有亲密的朋友吗？有多少？关系维持了多久？

你善于和老朋友保持联系吗？

你倾向于快速建立一段关系，还是慢慢来？

当你沮丧时，别人会安慰你吗？

附：人际关系量表

仔细阅读下列 16 个问题。每一个问题后面，各有 A、B、C 三种答案，让孩子按照自己的真实情况任选其一。

1. 在人际关系中，我的信条是（　　）

A. 多数人是友善的，可与之为友的。

B. 人群中有一半是狡诈的，一半是良善的，我会选择良善者而交友。

C. 多数人是狡诈虚伪的，不可与之交友。

2. 最近我新交了一批朋友，这是（　　）

A. 因为我需要他们。

B. 因为他们喜欢我。

C. 因为我发现他们很有意思，令人感兴趣。

3. 外出旅游时，我总是（　　）

A. 很容易交上新朋友。

B. 喜欢一个人独处。

C. 想交朋友，但又觉得很难。

4. 我本来约定要去看望一位同学，但因为太累而失约了，在这种情况下，我感到（　　）

A. 无所谓，对方肯定会谅解我。

B. 有些不安，但又总是在自我安慰。

C. 想了解对方是否对自己有不满意的情绪。

5. 我结交朋友的时间通常是（　　）

A. 数年之久。

B. 不一定，合得来的朋友能长久相处。

C. 时间不长，经常更换。

6. 同学告诉你一件极有趣的个人私事，你会（　　）

A. 尽量为其保密，不对任何人讲。

B. 根本没有考虑过要继续扩大宣传此事。

C. 同学刚一离去，就与他人议论此事。

7. 遇到困难时，我（　　）

A. 通常靠朋友解决的。

B. 找可信赖的朋友商量办。

C. 不到万不得已时，绝不求人。

8. 朋友遇到困难时，我觉得（　　）

A. 他们大都喜欢来找我帮忙。

B. 只有那些与我关系密切的朋友才来找我商量。

C. 一般都不愿意来麻烦我。

9. 我交朋友的一般途径是（　　）

A. 经过熟人的介绍。

B. 在各种社交场所。

C. 必须经过相当长的时间，并且还相当困难。

10. 我认为，选择朋友最重要的品质是（　　）

A. 具有能吸引我的才华。

B. 可以信赖。

C. 对方对我感兴趣。

11. 我给人们的印象是（　　）

A. 经常会引人发笑。

B. 经常在启发人们去思考。

C. 和我相处时别人会感到舒服。

12. 在晚会上，如果有人提议让我表演或唱歌时，我会（　　）

A. 婉言谢绝。

B. 欣然接受。

C. 直截了当地拒绝。

13. 对于朋友的优点和缺点，我喜欢（　　）

A. 诚心诚意地当面赞扬他的优点。

B. 诚实地对他提出批评意见。

C. 既不奉承，也不批评。

14. 我所交的朋友（　　）

A. 只能是与我的利益密切相关的人。

B. 通常能和任何人相处。

C. 有时愿与同自己合得来的人和睦相处。

15. 如果朋友和我开玩笑（恶作剧），我总是（　　）

A. 和大家一起笑。

B. 很生气并有所表示。

C. 有时高兴，有时生气，依自己当时的情绪和情况而定。

16. 当别人依赖我的时候，我会想（　　）

A. 我不在乎，自己却喜欢独立于朋友之中。

B. 这很好，我喜欢别人依赖于我。

C. 要小心点！我愿意对一些事物的稳妥可靠持冷静、清醒的态度。

各题的记分标准如下：

1. A、3；B、2；C、1

2. A、1；B、2；C、3

3. A、3；B、2；C、1

4. A、1；B、3；C、2

5. A、3；B、2；C、1

6. A、2；B、3；C、1

7. A、1；B、2；C、3

8. A、3；B、2；C、1

9. A、2；B、3；C、1

10. A、3；B、2；C、1

11. A、2；B、1；C、3

12. A、2；B、3；C、1

13. A、3；B、1；C、2

14. A、1；B、3；C、2

15. A、3；B、1；C、2

16. A、2；B、3；C、1

根据你选定的答案，找出相应的分数，将16个题的得分数累加起来。这个总分数值大致可以评定你的人际关系是否融洽。

如果总分在38—48之间，说明你的人际关系很融洽，在广泛的交往中你很受众人喜欢。

如果总分在 28—37 之间，说明你的人际关系并不稳定，有相当数量的人不喜欢你，如果你想受人爱戴，还得努力。

如果总分在 16—27 之间，说明你的人际关系不融洽，交往圈子太小，有必要扩大你的交往范围。

◆不同年龄段孩子的心理特点

一、小学阶段

1. 小学一年级心理特点

小学一年级的孩子对小学生活既感到新鲜，又不习惯，一时难以适应；他们好奇、好动、喜欢模仿，但很难做到专心听讲；他们特别信任老师，具有直观、具体、形象等思维特点。

此阶段应以培养学习习惯和学习兴趣为主，可以引导孩子学会愉快地学习。家长可以从如何安排时间、如何使用高效引导语入手，培养孩子养成独立自主、热爱学习的好习惯。

2. 小学二年级心理特点

此阶段是小学生形成自信心的关键期，情绪不稳定，容易冲动，自控力不强。

此阶段孩子的学习习惯、学习态度会从可塑性强转向逐渐定型的重要过渡阶段，逐步适应小学生活，养成一定的行为习惯。家长要对孩子的不良行为进行纠正，培养他们的学习兴趣；要多鼓励和肯定孩子，随时注意孩子的心态变化；注重孩子习惯的培养和对基础知识的掌握。

3. 小学三年级心理特点

此阶段是孩子情感发生变化的转折时期，从情感外露、浅显、不自觉向内控、深刻、自觉转变。在学习中，孩子的情绪控制能力有限，容易马虎大意，做作业磨蹭，需要高度重视并耐心纠正。

随着交往范围的扩大，孩子的认识能力不断提高，遇到的各种困扰也随之而来。他们开始产生不安情绪，需要家长的悉心陪伴和耐心引导，及时帮助孩子解决问题。

4. 小学四年级心理特点

9—11岁是儿童成长的关键期，处于儿童期的后期阶段，大脑发育正好处在内部结构和功能完善的关键期；在小学教育中，处于从低向高的过渡期，生理和心理变化明显，这个时期是培养学习能力、情绪能力、意志能力和学习习惯的最佳时期。

孩子已经从被动学习向主动学习转变，有了自己的想法，但辨别是非的能力还很有限，缺乏社会交往经验，经常会遇到很多难以解决的问题，会感到不安，如果不注重引导，孩子可能会因为一些小困扰而干扰了学习，逐渐对学习失去兴趣。如果能够正确地引导，这种不安就能转化成对自然和社会的探索激情和求知欲望，进而提高孩子的综合能力。

5.小学五年级心理特点

该阶段的孩子竞争意识增强，不甘落后；更关注学习成绩，对于学习优秀的同学，开始产生敬佩之情；他们独立能力增强，喜欢自发组成小团体；不轻信吹捧，自控能力逐步增强。父母要鼓励孩子做事情的坚持性，培养孩子进取的人生态度，促进自我意识的发展。

6.小学六年级心理特点

这个时期孩子开始进入青春期早期。青春期是少年向成年过渡的阶段，相当于小学后期和整个中学阶段。

这个时期，孩子的自主意识逐渐强烈，喜欢用批判的眼光看待事物，有时还会对老师的正当干涉感到厌烦。他们情绪不稳定，记忆力增强，注意力容易集中。随着抽象逻辑思维能力的提升，他们的自我意识也得到充分发展，初步形成个人的性格和人生观。然而，他们的意志力仍不够坚定，分析问题的能力还在发展中，遇到困难和挫折容易灰心。因此，家长要密切关注处于这个时期的孩子的心理变化。

二、初中阶段

1.初中一年级心理特点

（1）成熟性与幼稚性的统一。进入少年期，孩子的身体形态会发生显著变化，身体机能逐步健全，心理也会相应地产生变化。童年和少年两个阶段是逐渐过渡的，初一的学生刚跨入少年期，理性思维的发展还很受限，身体发育、知识经验、心理品质方面依然保留着小学生的特点。

（2）向上性与盲目性的统一。自我意识开始发展，有了一定的评价能力，开始注意塑造自己的形象，希望得到老师和同学的好评，在学习和纪律方面会认真努力，力争给老师和同学留下好印象。但是他们思维的独立性和批判性还处于萌芽阶段，神经系统调节能力较差，容易受外界影响，顺利时盲目自满，遇挫折时盲目自卑，有从众心理。

（3）独立性与依赖性的统一。一方面，不愿让大人管；另一方面，在学习和生活中遇到具体困难时，又希望得到家长的帮助。

（4）新鲜感和紧张感的统一。对新环境、新老师、新同学和新学科感到新鲜。但是不久后，由于学科增多、复杂性增强、课时延长、考试增多、教法和学法与小学不同等原因，他们会感到紧张。此时，家长要加强孩子的养成教育，注意心理辅导和自我意识的教育，对孩子进行适当的情绪辅导和青春期教育。

2. 初中二年级心理特点

这个阶段孩子已经进入了青春期，不管是男生还是女生，身体都发生了许多变化。如果家长对性知识教育采取封闭甚至耻于谈论的态度，孩子就会产生青春期烦恼。

这时候，孩子们表面上什么都不在乎，实际上从众心理很重，既想标新立异，又担心脱离集体。于是，有的孩子会出现紧张、焦虑、自卑等不健康心理，由于心理发展与生理发展的严重不平衡，就会出现不同程度的对抗、逃避、说谎、破坏、暴力等不良行为。

3. 初中三年级心理特点

独立性获得较大发展，学习能力有了很大提高，他们喜欢同老师平等地讨论问题，喜欢自由独立地组织、开展一些活动。孩子的"成人感"更加明显，自尊心大大增强，比初一、初二的学生更渴望得到家长的尊重与理解。他们的观察力接近成年人水平，自我意识占主导地位，思维活动可以达到抽象、概括的水平，对学习的兴趣基本稳定，学习成绩也开始相对稳定。

家长要抓住一切有利的机会，促使孩子的心理更加成熟，为孩子将来的学习和生活做好充足的准备。

三、高中阶段

1. 高中一年级心理特点

高中生正处在心理上脱离父母的心理"断乳期"，随着身体的迅速发育，自我意识的明显增强，独立思考和处理事物能力的充分发展，高中生在心理和行为上表现出强烈的自主性，迫切希望从父母的束缚中解放出来。此时，他们的感情变得内隐，即内心世界活跃，但情感的外部表现并不明显。这些特点会阻碍父母与子女相互了解。

2. 高中二年级心理特点

这个阶段，由于很多学生目标不明确，既没有高一时的雄心壮志，也没有面临高考的紧迫感，是一个孩子容易出现动荡和迷茫的时期。一旦遇到挫折，特别是考试中受到打击，孩子们就会自我怀疑，产生焦虑。

两极分化日益明显，导致不同心理状态。走过高一，孩子在掌握知识程度方面已分出较明显的层次，即所谓的优等生和差等生。

对优等生来说，他们的积极心理会得到一步步发展，比如兴趣上升为乐趣、好奇转化为求知欲和探索欲。他们充满自信，学习已成为自觉的行为，他们会不断地从中得到成功的心理体验。但是有些孩子也会在学习中（尤其是在考试中）屡遭挫折，对学习灰心、自卑甚至害怕等心态已渐渐固化，出现兴趣转移、偏科等倾向。学习成绩进一步下降，自信心进一步被冲击，造成恶性循环。

中等水平的孩子学习热情不高，学习目的仅希望在会考中获得通过，处于一种淡漠的被动状态；他们的归因心理可以使其发生很大变化，学习的主动意识明显增强。

很多孩子会出现一种期待或恐惧的心理现象，具体表现在上课和学习的时候容易走神和分心、不能集中精力学习、易受干扰、经常幻想未来等；他们感到很紧张，恨不得现在就高考，不用再这样担惊受怕，这种期待容易导致出现抑郁心理。但是，一想到真正要高考了，他们又会感到莫名的恐惧，担心自己考不上理想的大学，有时宁愿在幻想中满足，所以上课和学习时容易走神和分心，等回过神之后又感到内疚和后悔。自责心较强的孩子显得过分紧张，严重的还会影响接下来的学习，造成恶性循环，引发各种心理行为。

他们会更加自觉地认识、观察和解剖自己，但有时会陷入理想与现实、肯定与否定的自我矛盾中，产生孤独与自卑感。

"恋爱"现象剧增，但大部分孩子"恋爱"动机十分荒谬，比如他们要承受来自社会方方面面的压力，需要理解和关心，但现实中很多家长只关心孩子的学习成绩，不太关注他们的心理感受，孩子从父母这里得不到理解和关爱，只能从外界寻求。举个例子：某女孩父母平时工作很忙，很少顾忌她的感受，而同桌男生平时很关心她，对她嘘寒问暖，还辅导她作业。女孩生性敏感，就容易对男孩生出好感，继而变成朦胧的爱恋，或者单相思。

3. 高中三年级的心理特点

这个阶段，孩子的社会意识已经接近成熟，并逐渐形成了自己的人生观和价值观，对社会现实问题有了自己的独立见解。

随着备考时间的减少，在思想上和心理上的波动都会比较突出，可能会出现信心型、迷茫型、放弃型三种形式的分化。

（1）信心型的孩子在思想上有明确的目标和远大的理想，有浓厚的学习兴趣，有良好的心理素质，基础扎实、方法科学、学习能力强，各科平衡发展，历次考试成绩稳定，对高考充满信心。

（2）迷茫型的孩子在思想上渴望考入理想大学，但由于基础不扎实、学习方法不当，成绩经常波动，从而导致思想不稳定。当成绩不进步或下降时，比较消极；考试进步时，又充满斗志。自觉考大学有难度，从而又对前途感到迷茫。

（3）放弃型的孩子学习基础太差，经过努力，成绩也没进步。或者学科成绩很不均衡，进入"考大学没指望"的误区，成绩越来越差，最关键的是容易自暴自弃。

◆孩子被同学孤立，怎么办？

孩子在学校或其他地方被人欺负、受了委屈后通常不敢告诉父母，自己一个人默默承受着。很多家长认为，这是孩子坚强的表现，但事实并非如此，这种现象恰恰说明孩子是胆小且脆弱的。对孩子来说，小小的身躯怎么能承受这么大的伤害？被孤立的孩子往往更容易走向抑郁。那么，如果孩子被同学孤立了，该如何引导呢？

萧萧是一名三年级的小学生，性格外向、随和、乐观，在学校的时候，从不惹是生非，还能照顾其他同学。去年，妈妈发现她有些反常：平时，萧萧回到家后会缠着正在做饭的妈妈讲学校里发生的趣事，可那几天，放学回家后，萧萧连饭都不吃，直接钻进书房写作业，还把门反锁了。

第八章　健康人际：和谐的人际关系，也能让孩子远离抑郁

妈妈认为，萧萧之所以反常，也许是因为学习上遇到了难题，或者被老师批评了，所以就没有多想。

然而，几个月后，萧萧还是这样，而且话越来越少，一个向来活泼开朗的女孩变得郁郁寡欢。

妈妈担心孩子出什么事情，于是便询问了她，可萧萧一直说没事。直到有一天，妈妈去开家长会，才从班主任老师那里得知，萧萧在班级里不合群，被孤立了。

妈妈一下就慌了，在她的"逼问"下，萧萧终于说出了这几个月的遭遇。原来，那段时间学校正在举行"艺术节创意大奖赛"，萧萧所在的班级输给了隔壁班。因为萧萧跟隔壁班的左左是好朋友，所以被同学怀疑成"间谍"，就这样，全班同学都开始孤立她了。

听了女儿的叙述，妈妈感到有些难过，如果她平时多给女儿一些关心，女儿早点儿将这件事告诉她，心里就不会一直装着这件事，闷闷不乐了。

其实，这是在多数孩子身上都发生过的问题，也是非常容易被家长忽略的事情。在每个人成长过程中，不同时期都可能遇到过被别人孤立的情况，这只是暂时的。孩子总有很多小心思，有时会很幼稚，这些完全可以不予理睬，关键是要通过这些事情让孩子知道自己是独立且自信的，没必要去和合不来的人假装相处，家长要鼓励孩子做一个自信从容的人。

从另一个角度讲，家长还要密切关注孩子的心理健康，适当时候可以预约心理咨询师去进行疏解。孩子在遭遇具体事件的时候，情绪会处于比较抑郁或难受的状态，需要专业人士给予帮助。如果把"小病"拖成"大病"，就会影响孩子整个的学业进程。

如果孩子有些孤僻，不敢和同学相处，家长就要引起重视了。孩子毕竟还小，没有丰富的人生经验，让他们心理强大到不屑他人的孤立和恶意是不切合实际的，因为他们还没有足够的社交和心理技能去处理这个问题。父母要想办法防止孩子被孤立，一旦发现苗头，就要尽快着手进行干预。

1. 及时发现，倾听与接纳

作为家长，应该及时发现孩子被孤立的问题。孩子被孤立往往不是一朝一夕的事情，在孩子第一次感受到被孤立时，如果父母及时干预，"被孤立"的状况就不会持续下去。

如何才能发现孩子被孤立呢？父母一定要跟孩子保持亲密的沟通，尤其是在孩子刚升学或转换社交环境的时候。孩子放学回家后，父母可以用半小时先跟孩子交流一下在学校的学习和生活。这种看似简单的交流，却是获得孩子信任和让孩子感受到被关注的重要方式。现实生活中，很多父母都无法及时发现孩子被孤立，最主要的原因是家长跟孩子的沟通出现了问题。

发现孩子有被群体孤立的倾向时，家长应先倾听孩子的苦恼并认同和接纳孩子的感受，体会和他一样的伤心或者不快乐。同时，家长还应该告诉孩子："很多人都会面临这个问题，这是成长过程中必经的历练，通过努力是可以改变的。"你会站在他身边、支持他，并帮他摆脱这个困境。

2. 找到原因，自我调整

接纳孩子的感受，帮助孩子平静下来之后，要和孩子一起分析被孤立的原因，一起商量解决方案。如果是因为优秀被别人嫉妒而导致被孤立，首先，要肯定孩子的优秀和独特，同时告诉孩子："集体是一个复杂的大家庭，锋芒毕露的同时也要考虑其他人的感受，有时可以适当低调一点儿。"其次，如果孩子是因为内向、胆小、不合群而被孤立，就要想办法培养孩子的自信心，鼓励他大胆地和同学交流。最后，父母除了给孩子建议，还必须跟踪事情的发展、转变及结果。

一次、两次被拒绝不可怕甚至很难避免，但孩子如果因此失去自信、不愿尝试，就很难交到朋友了。因此，家长要帮助孩子培养良好的心态，告诉孩子与人交往要大方自信，即使被拒绝了也可以很优雅、很坚强。父母可以和孩子进行角色扮演，练习被拒绝后的回应语句，帮助其迅速脱离被伤害的现场，例如："这次不行，那下回吧"或者"好吧，那就这样"，还有"你们玩球，我可以帮你们捡球"等。

和孩子一起列一个好形象清单，比如主动和同学说"早上好"，说话要和善、不骂人，不要嘲笑别人，不要用手指着别人等。家长还可以和孩子开展一场头脑风暴，比如"同学不喜欢和你一组做实验，因为你动作慢，害得他们不能完成任务，你觉得有什么解决办法呢？"通过讨论，让孩子自我察觉，了解自身的不足和缺点，勇于自我审视。

3. 帮助孩子，重回集体

如果孩子已经调整自我，并做出了改变，被孤立的情况却依然存在，家长一定要帮助孩子重回集体，不能让孩子长期被孤立下去。

家长可以尝试先帮孩子"拉拢"一两个同学，直接和这几个"关键同学"的家长取得联系，组织一些聚会、逛公园等孩子感兴趣的活动。如果这些"关键同学"是班上有影响力的孩子，那就更好了。孩子有了朋友就相当于在集体中有了阵营，之后就容易打破僵局、扩展友谊了。

4. 老师协助，重塑形象

对于很多孩子来说，老师的话比家长的话更有效。对于被孤立的、胆小的孩子，可以请老师多肯定孩子来增强孩子的自信心，并让孩子更容易获得其他同学的认可。如果被孤立的孩子很出色，应该提醒老师避免过多的溢美之词，同时让孩子多做一些为班级服务的事情，比如值日、管理水壶等。

孩子在成长的过程中需要集体的认可，需要被同龄人接纳，需要和小伙伴一起长大，这也是家长要对孩子被孤立及时干预的原因。

第八章 健康人际：和谐的人际关系，也能让孩子远离抑郁

◆孩子遭遇校霸，怎么办？

近年来，校园霸凌事件频频曝光，不时地刺痛着人们的神经，尤其是家长们一直悬着一颗心，担心自家孩子在学校会受到心理或身体上的伤害。不同程度的校园霸凌事件，看见的、看不见的，难以计数。孩子长期遭受这种危害，不敢跟老师说，不敢告诉父母，但又无力反抗，久而久之，就容易变得胆小和抑郁。

男孩是某知名小学四年级的学生，课间操时间去上卫生间，随后跟来同班的两个男生，一个堵着门不让他走，一个从隔间扔下了装着屎尿的垃圾筐，砸在了男孩的头上，然后笑着跑开。

当时气温零下几度，男孩担心自己太臭被嘲笑，只能用冷水一遍遍地洗着自己的头，再用红领巾擦干。男孩回家后，身体仍然还在抑制不住地发抖，哭着告诉了妈妈这件事情。

妈妈愤慨至极，向学校提出了自己的合理诉求，但霸凌孩子的家长和学校却不接受，学校甚至批评教育了这位妈妈一顿，认为她是在小题大做。更难以置信的是，学校还强迫她的儿子和霸凌他的同学一

151

起互动，然后还拍下"和谐共处"的照片发到了班级群里，想将事情不了了之。

在孩子已经产生应激反应的情况下，这样的做法无疑是雪上加霜地加重了他的创伤。男孩被诊断为中度焦虑症、重度抑郁，心理医生建议他休学养病。

孩子之所以是孩子，不仅因为他们没有自我保护能力，还因为他们对作恶毫无应对能力。即使是一件小事，都有可能改变孩子的人生轨迹。

霸凌会对孩子造成恶劣的负面影响。被霸凌的孩子通常会产生身体、心理和学习三方面的问题，比如健康状况出问题、学习成绩降低，甚至不想上学、逃学或辍学等。除了被霸凌的孩子之外，那些霸凌别人的孩子在青春期也可能会有暴力和危险行为。而亲眼目睹霸凌的孩子，也可能会有增加烟瘾、酒瘾、药瘾的状况，更可能出现心理问题，例如：抑郁、不想上学或逃学等。在整个霸凌圈中，不论是霸凌别人的孩子、被霸凌的孩子，还是旁观者，每个孩子都是受害者。

调查数据表明，只有不到三成被霸凌的孩子会在事后告诉别人，超六成的孩子都选择了沉默。为什么被霸凌的孩子不反抗？心理学上有个名词，叫"习得性无助"。被霸凌的孩子寻求帮助时，如果家长或老师只是做和事佬，或者说"他怎么只欺负你不欺负别人"，"想开一点儿、交别的朋友就好了"之类的话，孩子就会开始责怪自己，认为一定是自己有问题。下一次被霸凌时,孩子只会选择忍耐。一两次下来,就变成了"习得性无助",孩子变得自卑、胆小、敏感。

这种性格特质会剥夺孩子的社交能力,让孩子陷入孤立无援的状态,不再寻求帮助。时间久了,被霸凌的孩子甚至会把错误归咎到自己身上,他们会觉得,因为自己有这样或那样的不足,才会招致霸凌,因此变得内疚,有的孩子还会因此走上极端。

如果大人不知道,也不观察,孩子的心理就很容易受到二次伤害。当家长得知孩子被欺负,先别急着焦虑和寻找解决方法,向孩子了解完细枝末节后,首先,要认同和接纳孩子的情绪,让他们知道你知道他们的伤心难过,这很正常;其次,肯定他愿意向你倾诉这件事的行为,并明确表示出你会帮他们处理。先通情,后达理,之后再向孩子解释为什么有人爱欺负人,再反问孩子有什么建议可以处理这件事,试着让孩子提建议。最后,在解决问题的全局里不越界,让孩子知道下次再遇到这种情况应该怎么保护自己。

我们可以培养孩子温文尔雅的性格以及为他人着想的处事方式,但是一定要把握一个原则:孩子可以温柔,但也要有自我保护的力量;孩子可以懂事,但一定要有自己的立场。

在日常生活中,经常对孩子说以下这几句话,会给孩子更多的安全感。这样,今后遇到任何事,他们也不会再担心家长的指责了。

(1)爸妈是无条件爱你的,不管你遇到了什么事情,爸妈都会在你身边帮助你。

（2）有人欺负你，并不是你的错，而是对方的问题。

（3）即使被欺负，也不要用暴力的方式去还击，要用合理的方式来保护自己。

（4）你要有原则，如果别人让你做你不想做的事情，一定要学会说"不"。

（5）你要知法守法，懂得用法律武器保护自己。《刑法》第十七条第二款规定："已满十四周岁不满十六周岁的人，犯故意杀人、故意伤害致人重伤或者死亡、强奸、抢劫、贩卖毒品、放火、爆炸、投放危险物质罪的，应负刑事责任。"《刑法》第二百三十四条："故意伤害他人身体的，处三年以下有期徒刑、拘役或者管制。"

第九章　家长参与：做智慧家长，陪孩子一起战胜抑郁

◆细观察：掌握孩子的抑郁状态

抑郁儿童父母说得最多的一句话是："我的孩子抑郁了，一开始我以为他只是不开心而已……"直到孩子被诊断为抑郁，我们才知道孩子生病了；在孩子情绪或行为变化的时候，我们却没有注意到，这是为什么呢？因为孩子的有些抑郁是会伪装的。

青少年抑郁，有的抑郁程度比较轻，就像普通的愤怒、嫉妒情绪一样，来也匆匆去也匆匆；有的抑郁则隐藏极深，表面看上去孩子开朗乐观，背地里却压抑到无法呼吸。

那么，如何在日常行为中发现孩子抑郁的苗头呢？

1. 不想上学

得了抑郁症以后，孩子就会变得厌学、自闭、不想出门，甚至不想和老师同学相处。他们会觉得自己是多余的，会逃避生活，不愿参与社交。这个时候，父母千万不要硬逼着孩子去和别人相处或去上学。抑郁情绪很消极，在他们眼里，生活是灰暗的，未来毫无希望。这个时候，如果父母强迫孩子去上学，无疑会增加孩子的压力，与其使其变得越来越严重，还不如带孩子去专业的心理咨询师那里做一些心理疏导，接受正规治疗。

抑郁最显著的特征就是对所有事情都没有兴趣，会认为自己的生命是没有价值和意义的。他们或许还会和人交谈，但不会在意社交了。如果原本活泼机灵的孩子突然变得安静或闷闷不乐，家长就需要注意了。

2. 厌食，失眠

对于正常孩子来说，"睡得香，吃得多"很正常，一旦孩子患上了抑郁症，就会长时间失眠，不爱吃东西。"睡眠质量下降"是典型的抑郁征兆，患者会持续或间歇性地失眠。

一位患有抑郁症的青年在自述经历时说过这样一段话："在失眠的日子里，哪怕服用安眠药，我也没办法睡着。"这种经历十分痛苦，且睡眠不足也会使我们的精神变差。

3. 习得性无助

临床心理学认为，习得性无助很可能让人抑郁。管教严厉的父母应该关注自己的孩子，判断他是否已经陷入了习得性无助的状态。

很多抑郁症患者都说过，一旦失败，他们就会产生巨大的挫败感。然后他们就会逃避生活，放弃努力，同时会给自己施加一种"我努力也没有用处"的心理暗示。长时间处在习得性无助的状态下，孩子会把自己失败的全部原因都归结到外界因素上。一旦出了什么问题，孩子就会习惯性地把责任推给身边的人，认为是别人干扰了他。因此，长期的无助感和失望是孩子患上抑郁的主要因素。

4. 把真实的自己伪装起来

除去传统的抑郁外，还有一种"微笑抑郁"。这种抑郁很难被发现，生活中很多心理抑郁的青少年平时都会表现得活泼开朗。临床心理学家对此的看法是：虽然他们每天都在笑，内心深处却压抑着很多负面情绪。这一点家长很难发觉。如果你的孩子很活泼，很少说出自己的真实想法，就要好好观察一下，看看孩子是不是把真实的自己伪装起来了。

如何尽早地识别出孩子心理状况的异常，提前预防青少年抑郁的发生呢？根据美国儿童青少年精神医学会（AACAP）的观点，儿童青少年抑郁主要有以下10个典型的表现：

（1）自己感觉到（或被他人观察到）抑郁、悲伤、容易哭泣、爱发脾气。

（2）从喜欢的事物中获取的快乐没之前那么多了。

（3）与朋友在一起或参与课外活动的时间比之前少了。

（4）食欲或体重与之前相比明显不一样了。

（5）睡眠比之前明显变得更多或更少了。

（6）容易感到疲劳，不像之前那样精力充沛了。

（7）感觉什么事情都是自己的错或自己一无是处。

（8）比之前更难集中注意力了。

（9）对上学不如之前那么上心了或者在学校的表现不如之前了。

（10）常伴有身体不适，如：频繁头痛或胃痛；还会尝试饮酒或其他有成瘾性的东西，试图让自己感觉好一些。

家长可以观察青少年是否能够正常地上学、是否能够正常地吃饭和睡觉、是否能够进行正常的社会交往。如果青少年在学校和家庭环境中的情绪或行为偏离正常范围，不符合规范，生活规律发生明显改变，如果出现失眠、嗜睡、不愿跟人接触的现象，或与家长、老师、同学的沟通出现巨大障碍，甚至出现极端行为，则意味着孩子可能存在精神问题。

家长和老师要切记：青少年遭受心理疾病的困扰时间越长，其将来治疗与康复就越困难。

此外，如果是有家族遗传史的青少年，家长要加倍关注自己的孩子，他们是易感人群，相较于正常人群，其受到外界的压力更容易导致患病，切勿给孩子太大的压力，一旦发现孩子有情绪行为问题的苗头时，尽快求助专业的医疗机构。

◆懂陪伴：温和陪伴孩子

据《2020年大学生心理健康现状与需求》数据显示，大约20%的大学生在某段时间内都会有抑郁或焦虑的情况发生。然而，通过医疗救助和心理疏导，可以帮助越来越多的人最终可以走出这团黑雾。

当孩子抑郁后，他的生活状态、生命状态、做事的状态都会变得失常，父母要给予他力量。如果你的力量是向前看，在向前看的过程中孩子的心里就会出现新的感觉和新的希望。在这种全新的感觉下，孩子的模式（包括思维模式、行为模式、情感模式和说话模式）就能发生改变。内在改变了，孩子的外在也会随之发生改变。

孩子感到抑郁难耐，父母要有耐心地陪伴他们，跟他们一起战胜抑郁。同时，要提醒所有的父母：只有正确面对和陪伴孩子，孩子才能走出抑郁。

孩子毕竟年龄小，父母要多一些耐心，给予他们温暖和支持，告诉他们："你需要什么，随时告诉爸妈！你想吃什么，跟爸妈说，爸妈永远都是你的依靠"等诸如此类温暖呵护的语言。

父母要带着温暖站在孩子的角度去理解他们、支持他们，必要的时候还要给予一些建议。

1. 正确认识青少年的抑郁

父母首先要确定孩子到底是青春期叛逆，还是患有某种心理疾病？又或者是突发性应激障碍？如果不能很好地辨识，就无从对症下药。如果孩子出现心理疾病的问题，自身无法控制自己的情绪状态，不管父母如何进行沟通和安抚，都无法取得好的效果。

抑郁症是一种大脑疾病，有一定的生物学原因，不是单纯的心情不好。突发应激障碍是指孩子遭受如早恋失败、校园霸凌、突发面临压力事件等情况后，在一定时段内情绪不良。如果孩子属于后者，则需要帮助孩子梳理应对事件的认知和方法，并支持孩子独自来处理事件。

2. 理解孩子的疾病表现

如果孩子身上出现了变懒、变笨、叛逆、乱发脾气、沉迷网络游戏等不良行为，很可能是抑郁了，同时他们会出现动力减退、思维迟缓、兴趣下降、悲观消极、自我评价低等情况。

3. 正视孩子的痛苦，及时响应他们的求助信号

孩子向你诉说痛苦，至少说明他们信任你，而且自己已经没有办法去化解这些痛苦了，甚至这可能是他们的最后一搏。你需要做的是：认真倾听他们的心声，重视这个问题，带孩子去接受专业的心理评估和治疗。

4. 不回避作为家长需承担的责任

青少年抑郁与家庭环境密切相关，是不良家庭关系的反映，如果家庭

问题得到改善，孩子的情绪也能得到改善，你的勇气和决心是孩子康复的最有力保障。

5. 倾听而不评判，陪伴而不过度干涉

如果孩子向你倾诉，你要静静地倾听并接纳他们的感受，不要急于发表评论或给出建议，多询问孩子的想法，并鼓励他们去探索具体的解决办法，或者与他们一起讨论解决问题的方法；如果孩子不愿意倾诉，也不要打扰他，要给孩子营造一个可以宣泄不良情绪的个人空间。

6. 稳定、持续地关心与陪伴

有些孩子担心一旦自己好起来，父母就不会再像生病期间一样关爱他们了，甚至会希望一直"停留"在生病的状态。因此，要让孩子感受到你的爱是稳定的，即使他康复了，你也不会改变对他的爱。

7. 保持耐心和信心

抑郁康复过程可能会遇到波折，病情也会出现波动，你的耐心和信心都能影响孩子，帮助他们建立面对困难的勇气。

其实，孩子患了抑郁症是父母进行反思和调整家庭关系的契机。通过学习与自我成长，父母就能更好地帮助孩子，在照顾孩子的同时，更好地善待自己。

8. 主动带孩子接受治疗

抑郁也是病，虽然不是生理疾病，但作为一种心理疾病，也会对孩子造成很大的影响。发现孩子抑郁了，就要带孩子及时接受心理医生的治疗，并听从心理医生的建议。

9. 和孩子及时沟通，耐心细心呵护

孩子抑郁了，虽然家长不愿看到这种事情发生，但是家长应该摆正心态，耐心且细心地和孩子沟通。即使成效不大，但家长的爱和呵护也是孩子成长中不可或缺的"情感营养"。

10. 鼓励孩子，给孩子自信心

家长是孩子的第一监护人，孩子抑郁了，情绪低落，对世事失去兴趣。在这个时候，家长应该适时地鼓励孩子、少责骂，给他们信心、给他们安全感，让他们重燃希望。

11. 多带孩子去大自然中走一走

孩子抑郁了，家长不必让孩子拘泥于一个狭小的空间中，可带他们走出家门，去大自然中走一走，开阔孩子的眼界，让孩子重拾希望和兴趣。

◆多交流：与孩子平等地交流，了解其抑郁持续时间

要尽量与孩子平等地交流。如果孩子的抑郁持续时间超过两周且严重影响了孩子的学习、生活和休息，就要尽快带他们去心理工作室进行诊断。

那么，如何与一个抑郁的孩子沟通呢？

1. 集中注意力聆听，而非教训

当孩子开始表达自己的想法时，家长要忍住批评或评判的冲动。孩子在与你交流时，你最好让孩子知道你会全心全意地陪伴和支持他。

2. 持续地保持温柔

开始时如果孩子拒绝沟通，不要放弃。跟孩子一起谈论抑郁，对于他们来说，这确实很难；即使孩子愿意，他们也可能很难表达自己的感受。家长要尊重孩子获得舒适感的权力，同时也要强调你的担心以及聆听的意愿。

3. 承认他们的感受

不要试图通过言语让孩子摆脱抑郁，即使他们的情绪和担忧在你看来十分愚蠢和不理智。如果过于较真地对待他们的情绪，孩子就会觉得你在善意地告诉他们"事情没有那么坏"。承认他们正在经历的痛苦和悲伤，可以在很大程度上让他们感到被理解和被支持。

4. 相信你的直觉

如果孩子声称自己没什么不好，也不愿意解释抑郁行为的原因，家长一定要相信自己的直觉。如果孩子不愿意向你敞开心扉，家长可以向第三方寻求帮助：学校的咨询师、孩子最喜欢的老师或精神健康专家。重要的是，要让孩子与人沟通。

5. 转变表达方式

家长要正确表达自己对孩子的关心，积极和孩子交流情绪和感受。

《2017国民家庭亲子关系报告》指出："鼓励"代替"严厉""沟通"

和"尊重"是新一代父母最乐意使用的表达方式。比如：面对孩子抑郁时，从以往的"生气，讲道理"转变为先了解孩子的动机。尤其是在孩子抑郁难耐时，家长不要居高临下地评判对错、实施惩罚，而要尝试站在孩子的视角上去分析抑郁对他们的影响，关注他们的想法，从而引导孩子正确面对抑郁，做孩子的战友。

6. 当孩子"安全"的诉说对象

家长不要质疑或否定孩子的感受和表达，要鼓励孩子说出心里的感受，耐心聆听他们的倾诉，不要急于给予建议。平时，要尽量留出一定的时间和孩子在一起，例如：用餐和休息时，听孩子说说"废话"。在孩子抑郁的时候，不要打压、指责，不要说"能不能别哭了""哭什么哭，再哭就不要你了"这种话。要学会倾听，分析孩子抑郁情绪的来源，给孩子多一些理解。

7. 和孩子保持适当的心理距离

不仅要和孩子保持亲密关系，还要给予孩子一定的空间和私人领地。平时少唠叨，给孩子营造一个宽松的家庭氛围，让抑郁的孩子能够冷静地平复自己的心情。

8. 无声的陪伴

父母要倾听孩子、默默陪伴，而不是喋喋不休。要让孩子知道，不管什么时候父母永远都是爱他的，即无条件地爱。抑郁孩子的情绪一般都非常不稳定，虽然他们嘴上说着不要陪伴，但内心是很渴望被陪伴的。

9. 不要要求抑郁的孩子表现正常

看到孩子的一些行为觉得不顺眼时，很多家长就会指责孩子。但对于抑郁的孩子，那些"不正常"的行为其实是他们的症状之一。比如：孩子因为抑郁而不愿意起床，不愿意跟家人一起吃饭，甚至还不注意卫生等。如果家长责备或强迫孩子按要求做，反倒会把孩子的抑郁病情推向更严重的地步。

◆会倾听：耐心倾听孩子

父母多倾听孩子的心声，了解孩子的感受，不但可以增进亲子之间的感情，也可以让孩子明白：无论遇到什么问题或烦恼，回到家里都会得到父母的体谅和支持。感到心情抑郁了，完全可以跟父母倾诉。

一天女儿放学回来说："妈！我好难过，今天我考砸了。"

妈妈听了，有点儿生气，真想说她一顿，可她立刻就想到了两败俱伤的后果。妈妈停下手边的工作，坐下来，微笑着对女儿说："怎么回事？愿意说给我听吗？"

女儿讲述了自己的考试情况。然后，妈妈就和女儿一起分析了失败的原因，并和女儿制定了相应的补救措施。分析完情况，已经深夜。女儿感激地投入妈妈的怀抱，说："妈妈你真好！"

那一刻，妈妈的心里有一股暖流在涌动，感觉母女俩的心紧紧靠在了一起。

倾听孩子会增加孩子的安全感，而安全感则可以使孩子的创造力和理解力得以全面发挥。

孩子抑郁往往与孩子成长的原生家庭有一定关系，特别是与父母的互动关系和依恋类型有关。很多抑郁的孩子说自己没有快乐的童年，有一个经常指责的父亲、一个要求严格的母亲；或者在孩子儿时父母把他们托付给外公外婆、爷爷奶奶照看；或者有过小学低年级寄宿的经历；或者父母忙于工作，只能把孩子留给保姆照看；或者父母经常当着孩子的面争吵或家暴；或者父母打离婚大战，忽视了孩子的感受……

过去的经历不能改变，创伤的记忆无法消除。然而，与孩子的互动模式要尽快改变，要从讲道理型父母改变成积极倾听、耐心倾听的父母。

1. 全神贯注地听

孩子想要告诉父母某件事，父母却盯着手机或工作，这多半都会让孩子放弃与父母进行交流的尝试，所以即使当时很忙，也要放下手中的事，全神贯注地听。

如果确实很忙，可以让孩子先等10分钟，说："你先等几分钟，等我忙完了再告诉你。"

要特别注意肢体语言。当孩子讲话时，父母要面向孩子，直视他们的眼睛，摆出充满期待的姿势，这些对孩子来说胜过千言万语。同样，如果用心观察，父母也能从孩子的肢体语言中得出许多信息。

2. 应对干扰

当孩子讲话时，如果遇到一些干扰和他人的需求时，怎么办。比如：突然来电可能会打断谈话，可以选择不接电话或告诉对方自己正忙着，待会儿再打回去，然后集中注意力听完孩子的话，否则我们就会被这些烦恼和忙碌吞噬。有效倾听需要暂时放下自己心里的事情、关注孩子，尤其关注孩子表达的任何忧虑。

3. 表现出兴趣

倾听需要宽容，对孩子感兴趣的东西，更要集中注意力。无论是父母不太了解的运动游戏，还是不感兴趣的电视节目，父母对孩子的世界表现出兴趣，孩子也会对父母敞开心扉。

4. 不加批评地倾听

批评只会毁掉家长与孩子的交流，认可孩子的观点才会使交流走向成功。有些孩子觉得自己从来都没有让父母满意过，而且永远也不可能让父母满意，于是孩子不再表达自己的思想和情感。因此，要想提高倾听效果，就不能责备孩子。

5. 明确感受

如果能理解孩子的感受，解决问题时，至少成功了一半。如果孩子自己也不能确定自己的感受,就可以通过谈话来给他们提供帮助。

6. 重复孩子的话

当孩子向我们暗示某个问题或隐约表达某种担忧时,要让孩子明白:你理解他们的感受。而要想做到这一点,最好的办法就是向孩子重复让他们感到难以表达的感受。比如:孩子说"我再也不想上无聊的体育课啦",不要回应说"别傻了,你喜欢运动啊,不管怎么样每个人都得运动",最好说:"听起来你好像不喜欢运动,能告诉我为什么吗?"

◆营造氛围:营造和谐的家庭氛围

在生活中,我们经常会看到这样的现象:在一些单亲家庭中,孩子的性格往往是有缺陷的。有可能会在为人处世时体现出来,也有可能是藏于内心深处。总之,不和谐的家庭氛围会对孩子的心灵造成非常深的危害。这种危害即使在表面看不出来,也会潜移默化地影响孩子平时的行为习惯和处事方式。

孩子抑郁了,对于家庭来讲是一件大事,甚至是冲击性事件、危机性事件。特别是孩子一蹶不振、看不到希望、情绪失控时,父母多半会处于高度紧张状态,时间一长,父母就会出现崩溃的感觉,甚至自己也会严重失眠、焦虑、抑郁。此时,有的父母会开始逃避、互相指责,严重者还会引发婚姻的解体。

此时，家庭的生活节律需要逐渐恢复，业余活动需要慢慢丰富，家人要增加游戏或运动的时间，增加外出就餐或在家聚会的频次，增加一些文娱活动或阅读、看电影、弹琴、唱歌等活动。

随着孩子情绪的稳定，父母的工作也要慢慢调整，逐渐恢复常态。如果父母是工作狂，则需要减少加班或出差频次，确保周末与晚上陪伴孩子。

1. 父母彼此恩爱

夫妻关系在整个家庭里扮演着重要的角色，好像一个家庭的天与地。夫妻关系和谐，一个家庭中的所有伦理关系、婆媳关系、亲子关系等都会融洽。

如果夫妻之间没有真爱，整个家庭就会缺乏爱。夫妻恩爱是一个家庭最好的免疫力，是父母给孩子最基本、最好的教育。爸爸对孩子最好的爱就是好好疼爱孩子的妈妈，妈妈对孩子最好的爱就是欣赏并推崇孩子的爸爸。

2. 家庭成员沟通顺畅

在整个家庭的大环境中，家庭成员之间沟通顺畅是家庭和谐不可缺少的条件。如果彼此沟通总是有一堵无形的墙挡着，久而久之，就会出现埋怨、气愤等破坏家庭和谐环境的情绪。

3. 具备良好的道德素质和传统美德

中华上下五千年有许多值得赞扬的美德，如：百事孝为先、家和万兴、尊老爱幼等。作为现在的年轻人，更应该具备这样的良好素质和传统美德。只要家庭成员都有这些正能量的观念，和谐的氛围就不是难事。

4. 理解彼此的观念和行为

随着社会的发展，父母与子女经历的年代不同，父母和子女的观念和行为都存在着差异，应该正确理解家庭成员的这些差异，毕竟经历的年代不同，经历的事情也不同。

5. 彼此给对方留有独立空间

家人之间需要关心、体贴和付出，这是值得提倡的。但是，如果一方对另一方约束太多、关心过度，就会让人感到没有自由。为了满足彼此的意愿而改变自我或者为了维持亲密的关系而失去自己的独立性是不可取的。

第十章　心理咨询：找专业人士做指导，帮孩子赶走抑郁情绪

家长要多学习与抑郁症相关的心理健康科普知识，了解抑郁症常用的心理治疗理论与方法，了解心理咨询与治疗的过程，积极配合心理治疗或心理咨询。

目前，在三甲综合医院都设有心理科门诊，越来越多的医院开设了精神科或临床心理科。这些科室大多有心理治疗师，可以进行心理治疗。但我国心理咨询师队伍良莠不齐，家长在寻找心理咨询师的时候要了解咨询师的个人资质与受训背景，了解机构的管理是否规范，最好寻找有精神科实习或工作经验的心理咨询师或心理咨询专家。有些咨询师只写过几本心理科普书或畅销书就自封为专家，其实未必有丰富的临床咨询经验和规范的训练与督导经验。

◆ 了解青少年心理疏导的作用

苏霍姆林斯基说："在每个人心中最隐秘的一角都有一根独特的琴弦，拨动它就会发出特有的音响，要使孩子的心和我讲的话发生共鸣，我自身就需要同孩子的心弦对准音调。"面对孩子抑郁时，如果父母不闻不问，不跟他们进行像亲人、朋友一样的聊天、谈心和沟通，亲子之间就很难成为朋友。

小琴是一个品学兼优的学生，初二那年她性情大变，爱笑的她变得沉默寡言，经常一个人坐在角落里魂不守舍。小琴的情况愈发严重，晚上总是苦恼和睡不着，妈妈怀疑她抑郁了，却不知道该怎么办。之后，在朋友的介绍下，来到了一家心理咨询机构。针对中学生抑郁心理问题，该机构不仅有丰富的引导经验，还能根据每个青少年不同的情况制定相应方案。

刚开始小琴很抗拒和咨询老师沟通，但老师慢慢与她搭建了信任关系后，小琴告诉咨询老师，自己学习压力大，妈妈的过分关心更让她压力倍增；爸爸妈妈虽然已经离婚，但依然经常当着她的面吵架，完全不顾及她的感受，自己很害怕。

咨询老师问小琴，有没有出现过轻生念头和行为时，小琴都不否认。

根据小琴的情况，咨询老师确定小琴患了中度抑郁，需要进行青少年心理健康疏导。

老师为小琴制定了青少年（中学生）抑郁心理引导方案：

（1）与小琴建立良好的治疗同盟关系，排解引起抑郁的原因；

（2）通过认知疗法，帮助小琴形成对现实的认知信息，增强她应对抑郁的自信心；

（3）教小琴深度肌肉放松、深呼吸和积极性想象等应对抑郁的方法；

（4）为小琴提供在抑郁或有轻生念头时的行为应对策略。

经过一个疗程抑郁心理疏导课程，小琴改变了意识与认知，现在的她不仅能很好地和爸爸妈妈沟通，夜里也不会独自流泪、睡不着或坐在角落发呆了。她试着重新走进校园，与同学和老师友好相处。

儿童抑郁需要心理辅导，治疗方法包括：药物治疗、心理辅导治疗和物理治疗。其中，不同程度的抑郁治疗方法既可以单独使用，也可以结合使用以改善孩子的抑郁情绪。心理辅导适用于特别明显的心理社会因素引起的抑郁，通过心理辅导，孩子就能从客观上看待生活中发生的事情，避免出现盲目、悲观、绝望等负面情绪。

较常见的心理辅导包括：支持性心理治疗、认知疗法等。其中，支持性心理治疗可以提升抑郁孩子的精神防御能力，对孩子的痛苦高度共情，以说服、指导等方式取得他们的信任，帮助孩子树立战胜疾病的自信；认知疗法则可以改变抑郁孩子的非理性观念，使他们意识到当前状况与非理性观念有关，认识到抑郁症是可以预防的，只要积极配合心理咨询师的引导，就能达到治疗的目的。

如果孩子出现了抑郁问题，一定要寻求专业的心理辅导。心理咨询师会针对家庭和孩子心理问题的特点，采用相关心理咨询技术，帮助孩子表达情绪，从而改善当下状态，获得更健康的思维方式。

在抑郁孩子的心理咨询中，咨询师会提供什么样的服务呢？对孩子、家庭又会有哪些作用呢？

1. 帮助孩子认识自己，引导其表达想法和感受

孩子不了解自己的内在世界发生了什么或不知道如何说清楚，家长难以察觉或提供帮助。心理咨询师却能用游戏或绘画等趣味性的协助方法，通过互动去贴近孩子的内在，帮助他们去认识自己的内在世界，让孩子重新经历现实生活中所发生的事件。

有时，心理咨询师也会像翻译员一样，用语言帮孩子说出来，协助孩子重新整理这些感受和想法，练习说出口。在这个过程中，孩子也会持续地感受到被关心和被接纳，从而培养孩子对自己心理感受的关注，使其慢慢地学会尊重自己，进而更有力量和方法地去应对抑郁问题。

2. 评估孩子的发展阶段及行为问题

其实,从孩子一走进咨询室,评估就已经开始了。咨询师会从观察孩子如何选择位置坐下、如何与咨询师互动、如何选择咨询媒材、玩游戏的样子等行为开始,通过问诊,判断孩子目前的身心发展和存在的问题,从而确定孩子所需的帮助。例如:如果孩子正处于学龄阶段,咨询师就会留意孩子在咨询室内外的人际互动,看看他们如何表现与人互动的需求、能否适当地解读他人的语言、能否正确表达自身的感受等,有时也会通过心理测验来评估孩子的生活状态、人际关系或情绪感受等问题。

3. 提供亲职咨询,与家长一起协助孩子

抑郁的孩子进行咨询时,咨询师会将亲职功能看作是孩子行为问题中的一项保护因子。如果家庭打造了良好的亲子关系,家长也具备管教子女的知识和能力,将有助于改善孩子的抑郁问题,所以家庭功能也是主要的评估项目之一。例如:当孩子出现心理困扰时,家长能否给孩子提供适当的协助和引导?亲子关系发生冲突时,家长如何使用有效的沟通方式来和孩子互动?面对不同特质的孩子,家长的教养策略是否合适?必要时,心理咨询师、催眠师会提供亲职咨询,和家长一起讨论在孩子抑郁问题上遇到的困难。在治疗室里,通过和孩子的互动,搜集孩子的行为信息,并将这些信息反馈给家长,让家长了解孩子的行为问题,协助家长建立合适的教养策略。

◆ 重视校内的心理咨询和辅导

学校心理辅导是学校心理老师运用专业的心理咨询技术与方法帮助学生自己解决问题的过程。心理辅导的根本目的是"助人自助",帮助出现心理问题的学生来面对和解决学习、生活、交往中出现的心理问题,从而使其更好地适应环境,保持身心健康。

校园心理辅导的对象主要是在日常生活中遇到困难或挫折而产生心理困扰的正常学生。在各所学校的心理辅导室,咨询员都被称为"老师",而非"医生";来此接受帮助的学生则被称为"来访者"或"同学",而非"病人"。可见,每个人都可以去接受辅导。

新学期伊始,某学校心理咨询室就接待了一位男同学。男孩表现出很强的攻击性,老师通知了家长,打算让心理学老师和家长一起帮助孩子。

老师和男孩聊了聊,发现这个孩子的攻击性大多体现在言语上,即对家长和班主任都出言不逊。

在了解了孩子的攻击性表现和成长经历后,心理学老师发现,这名学生没有严重的心理疾病,而且思维清晰、有独立思考能力。

男孩当场答应每周来心理咨询中心找老师做咨询。

对于一般人来说，学校和老师意味着权威。学校里的心理咨询室可能是抑郁孩子最好的选择。

优秀的学校一般都会邀请专业的心理咨询专家在校内开展专业的心理咨询，广泛运用心理学知识，帮助学生进行心理疏导，化解学生普通的心理健康问题。如果遇到严重的心理疾病问题，学校会引导学生到专业的心理咨询机构就诊，减少因抑郁问题而导致的极端事件的发生，营造和谐的学习环境。

校内心理咨询，以免走入心理咨询的误区。

1. 心理不正常的人才需要心理咨询

寻求心理咨询的孩子，多数都是心理健康的正常人。他们只是在生活中遇到了自己无法解决的烦恼或困扰，比如学习问题、人际交往问题、家庭关系问题等。这些问题多数孩子都会遇到，借助心理老师的帮助，就可以更快、更好地消除烦恼，这也是一种学生关爱自己的体现。

2. 把自己的秘密告诉了心理学老师，他们会泄露出去

每个行业都有其行业的职业道德和职业规范。心理咨询的首要原则就是保密，即未征得本人同意时，不能将其咨询情况向外公开，除非咨询者有违法犯罪意图。因此，在校内做心理咨询，完全没必要担心自己的秘密会被广而告之。

◆寻找正规的校外青少年心理咨询机构

如今,青少年的抑郁问题已经成了这个时代最重要的健康隐患,为了解决这个问题,很多家长会给孩子选择青少年心理咨询学校,这样可以及时有效地解决正在萌芽的抑郁问题。

国内知名的青少年心理咨询学校,不但有专业的心理辅导专家,心理调节方法也简单有效,可以快速地引导孩子调整好抑郁问题。但是,有些心理咨询机构"挂着羊头卖狗肉",华而不实,这不仅会造成金钱的浪费,还会耽误孩子抑郁问题的解决。因此,选择正规的心理咨询机构非常重要。

那么,如何来选择校外的心理咨询机构呢?

1. 心理咨询机构是否正规

如果孩子就读的学校有心理咨询中心,完全可以考虑学校的青少年心理辅导中心。学校一般都对孩子自身的情况比较了解,便于开展心理辅导;如果没有这样的条件,也可以找些在社会上有一定认可度的青少年心理辅导机构。正规的心理咨询机构和青少年心理专家一般都具有一定的专业实力、从业经验和社会认可度。

2. 创办时间是否足够长

心理问题涉及的内容广泛，而且要想"治疗"，先得找出病因所在。因此，最好选择创办时间比较长的青少年心理咨询学校。这种学校一般都经验丰富，学校资历和权威性高，值得信赖。时间长至少说明该机构是社会各界用户认可的，具备解决问题的能力。

3. 收费是否合理

每个人的症状及情况不同，因此在费用收取上没有明确的标准规范。选择青少年心理咨询学校时，可通过综合能力和资历对比，选择收费相对合理的学校，以减轻经济压力。同时，心理治疗通常都需要一个循序渐进的过程，选择收费合理的青少年心理咨询学校才更适合，没有压力。

4. 机构资历水平如何

目前，心理健康辅导行业在国内还处于上升阶段，挑选青少年心理辅导机构最重要的就是要看其团队人员的心理教育知识储备情况，更重要的是这些心理辅导专家要具备青少年心理辅导的丰富经验。只有这样，他们才能更好地做好青少年心理辅导工作。

5. 考察过去的案例

挑选青少年心理辅导机构时，要看看它所承接的案例情况，一方面丰富的案例能够让我们对该机构在青少年心理辅导方面所具备的经验积累情况进行评估，另一方面通过对这些实际案例的情况以及最终效果情况的了解，也可以评估机构的实力。

6. 收集客户口碑

选择心理辅导机构时，要看看该青少年心理辅导机构获得的评价等信息。大家可以从一些网站论坛或者专业报道中获取这些信息，一般服务好、有诚信的青少年心理辅导机构都会得到很高的评价。

◆选择优秀的青少年心理咨询师

想要让出现抑郁情绪的孩子顺利渡过心理困难期，还需要有能力的心理导师进行开导疏通，因而在选择青少年心理咨询学校时还要了解导师的能力水平。

心理咨询最关键的就是看导师的引导和开导能力，优秀的青少年心理咨询师一般都经验丰富，能够有针对性地找出心理的问题点，从而帮助孩子走出阴影、获得健康积极的心态。

选择青少年心理咨询师要注意以下几点：

1. 咨询师的专业水平

咨询师的专业水平直接决定着青少年心理辅导的效果。就国内咨询师的水平来看，咨询师的素质参差不齐，这主要与咨询师的培养现状有关，但其中也不乏真正有实力的专业人士。首先，要具备基本的从业资格条件，如专业背景、培训经历及业务专长等，这些基本条件完全可以通过直观的观察了解到；其次，要了解咨询师的业务专长，最好有相关问题的成功咨询案例。这是考察咨询师的专业水平时需要考量的两个基本问题。

2. 咨询师自身的人格特质

青少年心理辅导的过程就是建立人际关系的过程。也就是说，在某种程度上，来访者与咨询师的人格匹配度可以决定心理咨询的效果，因此，对于家长来说，要考虑咨询师与孩子的人格匹配度的问题，同时要征求孩子对咨询师的评价与态度。

3. 选咨询师，不必选名气大的

很多时候，我们只能在公众媒体、出版物中认识一些"心理大咖""心理专家"。但是，临床心理咨询师一般很少出镜，也不一定会写书。选择咨询师时，要注重他们的临床工作经验，也就是说，他们累计做了多少小时的咨询，接受了多少小时的督导。在他的简介中这些内容都会有说明。如果他们既有临床经验，又是专家，还会写书，通常都很难预约，并不一定是多数人理想的服务资源。

4. 选咨询师，不必选学历最高的

接受专业的训练和职业教育确实是咨询师的基本要求，但不必刻意追求博士、海归、接受了多少国际化的认证等。选择咨询师时，要注重他的生活阅历、文化背景和临床工作方向。心理问题不是靠知识来解决的，同时存在一定的文化差异，如果要咨询孩子的抑郁问题，最好不要选择太年轻的咨询师，咨询师的经验背景和你要解决的问题匹配度很重要。

5. 选咨询师，不一定选最贵的

关于咨询师的收费，目前并没有严格的行业标准。咨询师每小时的收费可能在 100~1000 元不等，要根据自己的经济实力去选择，不是越贵效果就越好。咨询的作用很大程度上取决于信任关系的建立，找到一个自己喜欢的、信任的咨询师，问题就解决了一半。

6. 多找几位，然后选择

最好和去医院看病一样，多找几位咨询师，以避免误诊，误诊就会误治。专业的心理咨询师都是受过多年专业训练的，但他们的误诊率依然高得惊人。目前，心理咨询师的从业现状更加杂乱，基本上考个"资格证"就敢上岗，再加上"心理"这个东西看不见、摸不着，给很多咨询师提供了发挥的空间。

◆引导孩子做心理咨询

发现孩子的想法、做法和平常不一样，或者和别的孩子不一样，家长就可以怀疑孩子的心理出现了问题，要及时寻求专业人士的帮助。这样做的好处是：及时判断孩子目前的状态是否正常，如果确实有问题，也便于及时干预。

父母首先要在心理上过关，接受"心理问题和感冒发烧一样正常，不是什么丢人的事"，不要藏着掖着，否则只会将小问题拖成大问题。即便在今天，很多人依然会将心理问题和"精神病"等同起来，认为看心理医生是一件很丢人的事，结果拖着拖着，小问题就变成大问题了。

不可否认，孩子在学习上出现点儿问题的确很正常，尤其是在"萌芽阶段"。但不得不承认：专业的问题找专业的人解决，效率才会最高，效果才会最好。

近年来，青少年的学习压力越来越大，各种媒体对青少年心理问题的报道层出不穷。如今，青少年的心理咨询已经成为我们不得不面对的事情。那么，如何引导孩子做心理咨询呢？

1. 正确的态度和意识

家长先不要假设孩子不愿意来，认为这样会伤害孩子的自尊心、增加孩子的压力。其实，有相当一部分是家长自己的意识问题。家长自己害怕心理咨询，觉得心理咨询是可耻的，甚至是精神病。这种意识会给孩子带来巨大的压力，因为孩子的很多感受都来源于父母的态度，父母抱着这样的态度，自然不利于孩子接受心理咨询。

2. 正确理解心理咨询

心理学是一个专业，和计算机、生物、物理一样，需要长时间的专业学习才能学以致用。目前，很多大学都开设了心理学专业，知名学校录取分数也相当高。家长可以这样告诉孩子："心理辅导和你去上数学、物理、英语等补习班一样,只不过,心理辅导有助于调整你的精神和心理状态,状态好了,成绩自然也就提高了。"

3. 孩子不是病人

千万不要用"你是病人"的语气和孩子说话,否则,孩子会否定自己,产生自卑感,甚至自暴自弃。

4. 分享积极的感受和心理咨询故事

如果条件允许,可以和孩子分享一些积极的感受和心理咨询故事。如果家长自己接触过心理咨询,可以告诉孩子当时自己的经历和感受,进行客观分享。如果你的经历不好,是不会支持孩子做心理咨询的。

5. 改变一种方式

如果孩子实在不愿意,那就不要强求,换个方式,可以先让他们进行视频咨询或电话咨询,之后再循序渐进,促成面对面的咨询。

6. 老师不是仙人,方法不是仙丹

不能把心理咨询师当神仙,以为说几句话开导开导孩子就能好;也不能把心理咨询当成"仙丹",孩子有问题了吃上两颗就能好。

◆重视咨询过程

在成长的过程中,孩子心理变化频繁,人格逐渐健全。然而,并不是

第十章 心理咨询：找专业人士做指导，帮孩子赶走抑郁情绪

每个孩子都可以轻松长大，心理问题可能出现在青少年成长的各个阶段。如果轻视孩子的心理健康问题，孩子的未来将会受到难以预估的影响。

日常生活中一些常见表现可能就是抑郁问题的前兆。如果孩子出现了抑郁的苗头，就要找咨询师帮忙了。家长带孩子做心理咨询，要注意以下7项内容：

1. 给孩子说话的权利

不管你在咨询室以外的地方（如：家里）怎样与孩子相处，一旦进入咨询室，你与孩子的地位就是平等的，不要让咨询师只听你说，而不给孩子机会表达。在青少年心理咨询中，中心是孩子。因此，如果咨询师请你们暂时回避，千万不要大惊小怪。

2. 不要误导孩子对心理咨询的看法

家长不要认为国内的心理咨询都是骗人的，只是说说话、聊聊天，以为心理咨询就是讲讲道理。

3. 用好嘴巴

心理咨询师与孩子的接触极其有限，要让咨询师全面了解孩子及其存在的问题，除了事先准备一些材料外，也要依靠父母的讲述，父母可以讲述一些孩子成长中的故事。咨询时，因为多数父母都是带着一肚子气，所以发牢骚常常是咨询的真正开始，听牢骚也是咨询师的必要工作。只是要记住：牢骚话讲给咨询师听听即可，发牢骚时应该让孩子到别的房间或地方去。

4. 不要"歪曲"事实

牢骚发完后，就要抓紧时间讲中心问题了，家长要尽可能组织好语言，清楚、实事求是地描述事件经过，不要为了维护自己的尊严而让孩子蒙冤。

5. 用好耳朵

当你用嘴说的时候，咨询师会全身心投入地听。然后，他们会给你提出一些反馈意见与建议，这时一定要用心倾听，尤其是对于那些你平日里没有注意到的问题。如果你怕忘记，还可以把重要的话记录下来。

6. 用好眼睛

当咨询师请你与孩子坐在一起的时候，不要失去学习的机会，要看看咨询师是怎样赢得孩子的信任的？他们是怎样让在你面前沉默寡言的孩子变得活跃起来的？看咨询师如何用恰当的方法训练孩子。

7. 记住咨询作业

每一次咨询完毕，咨询师可能会给你和孩子布置一些适当的任务。这些任务可能是一些积极的训练方法，可能是改善孩子与你关系的有效途径，还可能是下一次咨询的重要依据，一定要用心记住。

第十一章　日常应对：使用正确的方法，化解日常生活中的抑郁难题

◆孩子目标没有实现，感到抑郁，怎么办——让孩子降低期望值，提高满意度

临近期末，很多学校都要组织考试。孩子们都期望考个好成绩、度个好假、过个好年，但难免会有一些孩子考不好、感到失望、变得抑郁。

一般来说，当失望情绪对应在越亲近、越重要的人身上，孩子越难以保持冷静、客观和理性。其实，孩子考得不理想，家长眼中不能只有成绩和失望，更要有孩子，要认识到孩子毕竟是孩子，尤其是小学低年级的孩子，其心理、情感和承受力都有限，更需要精心呵护。很多时候，产生失望更多的是家长自己，因为附加在孩子身上的期望没有实现。

其实，孩子很多时候的失望不是因为没有达成目标，而是因为家长的

期望值本身就出了问题。比如：期望值过高是否符合孩子成长的天性？是否切合或可以自然内化为孩子的渴望？家长的期望是为了自己的脸面，还是真的为了孩子的健康成长？就拿期末考试来说，很多家长都希望孩子考个好成绩，其实这是对期末考试的认识出了问题。期末考试最重要的功能是什么？是诊断，是孩子诊断自己学习、教师诊断自己教学中是不是出了问题，出了哪些问题；而不是为了证明孩子优秀或给家长面子增光的工具。

孩子考得不理想，如果家长感到很失望，孩子不仅会观察到父母的失望，还会引发更多的负面情绪；家长需要先让他们积极起来，认识到这次考不好也是一件好事，至少能让孩子及时发现学习中存在的问题，分析原因，并找出解决方案……从而以更加积极、接纳的态度面对学习中的困难和挑战。

家长要跟孩子一起科学、全面、深入地分析孩子的个性特点、心理状态，真正了解孩子、支持孩子，全面、辩证地看待孩子的个性化成长。

"龙生九子，各有不同"，更何况是来自不同家庭的孩子。人与人之间不仅存在着形态结构、生理及免疫功能等方面的差异，在能力的类型、表现早晚和水平高低等方面也存在着差异。家长要科学地分析孩子的特点，尊重孩子的天然禀赋，尊重孩子的独特个性，发现他们的兴趣、爱好和特长，并引导他们努力做到扬长补短。

1. 把握好期待的尺度

父母的期待能否真正成为动机来源并有效地激励孩子的学习行为，取决于孩子对期待的接纳程度以及自身学习能力的强弱。任何一个孩子都会对父母为其设置的目标及期待值进行权衡，如果孩子认为父母所设目标对社会及自身具有价值且通过努力可以实现，就会对其产生认同感并将其内化为自己的需求，并督促自己缩短和目标之间的差距。

如此，孩子不仅会因期待受到了激励，还会从期待中领悟到父母对自己的关爱和信任。如果父母的期待不适宜孩子，就容易出问题。如果父母对孩子缺乏了解，期待值低于孩子的学习能力，目标虽易实现，但低水平的成就会使孩子丧失其社会价值感，甚至会导致厌学。

2. 对孩子的期待应结合社会对人才的需要

社会是一个有序的体系，有其自身的结构和层次，因而也就决定了其对人才多样性和层次性的需求。因此，父母对孩子的期待不仅应符合孩子的身心特点，还应考虑到社会对人才的需要。

3. 为期待的达成提供帮助

一个人的成功仅有期望是不够的，还需要各个方面的有机协作，只有每个环节都能提供有益的帮助，孩子才能健康全面地发展。从家庭角度来说，家庭气氛及日常习惯对孩子的健康成长十分重要。父母应该适时调整自己的期望值，尊重事实和孩子的能力，科学地引导和开发孩子的潜能，少给孩子增加压力，从精神上给予孩子爱和支持。

◆孩子总是做不好事情,感到抑郁,怎么办——引导孩子从最小的小事做起,提高自信心

如果长时间做不好事情,孩子就会否定自己,负面情绪无法宣泄,甚至还会直接导致抑郁。因此,要想免除抑郁,提高孩子的自信心,就要引导孩子从小事做起。

那么,如何从生活细节去帮助孩子建立起自信心呢?

(1)让孩子挑选自己喜欢的服饰,即使家长不喜欢,也要尊重孩子的意愿,有个人特色的审美也是自信的一种。

(2)认真对待孩子的要求,例如:家长居家办公时,孩子想要家长陪自己玩。如果工作不太着急,就可以先放下工作,陪孩子玩到尽兴再去做;如果实在走不开,就认真告诉他们:"妈妈/爸爸现在在工作,等把工作完成,就去陪你。"

(3)不要嘲笑、讽刺、挖苦孩子。孩子的心智和能力发展受到年龄限制,无法快速地理解家长的意思,家长不要嘲笑,更不要急于纠正他们。随着年龄的增长,他们自己就会慢慢改正。

(4)不要拿孩子跟别人比。如果长时间在父母口中比不过"别人家的

孩子",孩子很容易会产生自卑的心理。

(5)让孩子拥有自己的空间。可以是他们的小房间,也可以帮忙搭建一个"秘密角落",只要能让孩子自由自在、不受拘束地玩耍,就可以帮助孩子建立领地意识,使他们平添自信。

◆孩子为理想没有实现而抑郁,怎么办——鼓励孩子活在当下

"活在当下"这句话被不断引用并流行起来,可能是从"文青"(重视内在涵养的青年)和小资(有点儿钱的小白领,重视外在品味)开始的。虽然不知道最初的出处是哪里,只知道很多人反复念叨着"要活在当下"时,却发现不是那么容易就可以做到的。要想让孩子减少抑郁,可以鼓励孩子活在当下。

这天,一位家长打电话跟班主任请假,说她家孩子遇到一些问题,眼看就要中考了,孩子突然抑郁了,整天把自己关在屋子里,窗帘拉得紧紧的,怕光、怕声音、睡不着,老觉得旁边有人说道他,所以必须让孩子先回家休息一段时间。

这位家长的话让班主任感到很意外,因为在她的印象中,这个孩

子懂事用功,成绩不错,不爱跟人扎堆,下课也在看书。

家长告诉班主任,其实孩子之所以能取得这样的成绩,主要归功于"虎爸教育"。她老公当年成绩很不错,从穷乡僻壤考上了某重点中学,但因种种原因,高考不幸落榜。如今儿子中考在即,他不让妻子回家,怕引起孩子成绩波动。

班主任略有质疑,将孩子绷得这么紧,是不是不太好?

这位家长说,她也没办法,她家情况不好,只能逼孩子狠命念书。

话说到这份儿上,班主任竟然无言以对。当然,也不是所有的孩子都会抑郁,性格外向、大大咧咧的孩子,很可能会安然度过,但她相信:这种密集式的催逼,一定会在孩子心头留下阴影。事实证明,越是成功的人,越容易患得患失,患上心理疾病。多年来活在成功的焦虑下,病根儿打童年就留下了。

我们都不反对奋斗,只是反对这种不计后果的压榨,反对这种功利的密集战术,反对"现在受点儿罪,将来就可逃出生天"的暗示。人生是一个漫长的过程,应该均衡地度过,你希望孩子度过怎样的一生,就应该帮助他们怎样度过现在。

生活中,无论成年人还是儿童,都是知道了很多道理未必能做到。"活在当下"更是如此,它不是一个随念随灵的咒语,它是一种能力,一种需要很多心理因素支持的能力。

这是一种从容的心态，是一种不论处于怎样的环境中，不论学习生活节奏多快，都能适时地让自己停下来、慢下来的能力。同时，它还是感受力的展现：孩子们能够自然（而不是刻意地）敏锐地捕捉到生活中的细节，并从中发现乐趣和美感。它还是一种接受能力，能让孩子们享受到当下生活中发现的乐趣和美感。

不过，这些心理能力需要从小培育，并随着生活阅历的增加不断被锻炼。

1. 不要催促、逼迫孩子

在孩子还没有被压力和焦虑所侵扰的时候，他们是拥有"活在当下"的能力的，或者说，他们本来就是活在当下的。父母要做的是，不去破坏他们的这种能力或状态。

每个孩子都有自己的节奏，不要因为他们写字慢、穿衣服慢、出门前"磨蹭"就不耐烦地催促他们。要接纳孩子的节奏，让他们按自己的节奏生活和成长。

然而，生活往往不能如人所愿。随着生活经历的增加，孩子需要面对更多的压力、期待和要求。尤其是现在国内的教育：枯燥的学习内容、僵化的学习方式、过多的强迫，使得孩子们无法从容地生活和学习，甚至把他们变成了学习和考试的机器。

于是，成年人世界的焦虑和急躁被传递给孩子。这种传递发生在潜意识层面，可能暂时看不到，但到一定年龄就会表现出来：他们会缺乏专注，因为被催促经常打断他们专注于某种事情或想法时的过程；他们也会缺乏耐心、表现急躁，从而去催促别人；或者独处时他们会耐不住寂寞，做事情时，哪怕不紧急，也会习惯性地催促自己——因为他们被催促惯了。

在教育大环境暂时无法改善的情况下，父母要做的是尽量帮助孩子减压、卸下他们身上过多的压力，至少不要再给孩子增加压力！同时，也不要过多地强迫孩子。

生活中，必要的规则是需要的，但父母不要把过多的期待甚至焦虑传递给孩子。给孩子报大量的兴趣班、辅导班其实就是把过高的期待压向了孩子，家长把自己对社会、对生存的焦虑"灌输"给了孩子。孩子承担着那么多的压力和期待，如何能体验并享受生活的乐趣呢？又如何能从容生长并成为自己呢？

因此，要允许孩子对生活有自己的感受、自己的态度和处理事情的方式。哪怕他们的方式是低效的，甚至在大人眼里是无意义的，只要不会影响和伤害别人，就应该允许它存在。简单地说，就是要给予孩子成长的空间，让他们成为自己应该成为的样子，而不是父母期待的样子。

2. 有力的情感支持

爱和关注本身就是有力的情感支持，父母要想办法让孩子在心里明白："不管你是一个怎样的人，做了怎样的事，父母都会和你站在一起，永远爱你、接受你。"只有这样，才能为孩子提供稳定的、安全的情感支持。

只有他们感受到自己是被这个世界所接纳的、是有价值的、是值得被爱的，内心才会逐渐变得充盈而富足。尤其是当孩子遇到困难（困境）时，更需要来自成年人尤其是父母的支持。

如果孩子犯了错，父母一方面要告诉他们这样做是不对的，另一方面要包容他们，尤其是当他们陷入自责、愧疚或被他人嫌弃甚至攻击时，父母一定要在情感上站在他们的身边，并给予情感上的支持。如果孩子犯了大错，心中已经有足够多的负罪感了，父母一定不能再去指责或嫌弃他，否则会导致他们内心更严重的冲突，甚至彻底否定自我。

孩子陷入困境，尤其是当他孤立无援时，那是一个关键时刻！父母要在第一时间伸出援助之手，为孩子提供最可信赖的依靠。父母的支持和接纳是孩子内心变得强大的基础，只有父母全然地接纳与肯定自己，孩子才能接纳自己，才不会怀疑自己、否定自己，才能在最根本的意义上肯定自己、确立自己，才能坦然地、从容地悦纳自己，从而真正地活在当下。

◆孩子遇到问题，苦思而不得解，变得抑郁，怎么办——鼓励孩子主动向他人求助

如果不想让孩子因不敢向他人求助而抑郁，就要让孩子大胆找别人帮忙。家长可以告诉孩子，当我们遇到困难时向身旁的人寻求帮助是很正常

的事，不止小孩，大人也需要经常找别人帮忙。当然，要记得：在别人寻求你帮助时，要力所能及地去帮助别人。

网络中有这样一则案例：

> 一位父亲来信说：我儿子11岁了，在外面遇到困难，只会干着急，不敢求助他人。上次春游，带去的一瓶水倒翻了，又没带钱，天热口渴，他也一直忍着，不好意思向同学借钱买；学习上碰到难题，也不敢问老师……我知道这样不好，可我想不出更好的办法来引导他。

著名的家庭治疗师萨提亚（Virginia Satir）女士有句名言："人们因相似而联结，又因差异而成长。因而，开口求人是勇气，热心助人是喜悦。"因为怕麻烦别人，所以很少向人求助，别人也许就不会给你"被帮助"的机会了。这是一个内在冲突、一种情感的封闭循环，要把"别人凭什么帮助我"转变为"我值得别人帮助，我也有能力帮助别人"。家长可以让孩子在不同的情境中与人相处，教会他们碰钉子了怎么办？被冷漠拒绝了怎么办？别人听不懂怎么办？从而培养孩子的求助意识。

所谓社会支持，是指社会网络运用一定的物质和精神手段对社会弱势群体进行无偿帮助的行为的总和。一般是指，来自个人之外的各种支持的总称，是与弱势群体的存在相伴随的一种社会行为。孩子是社会中的弱势群体，他们是正在发展中的人，尚不具备成年人适应社会的能力，需要社会的支持。承认自己有的事情没办法独立完成，适当地寻求别人的帮助，不但能节约时间和精力，还能从中体会到被帮助的温暖。

家长可以告诉孩子以下一些技巧：

1. 平时想想谁能帮助你

平时可以想想当你遇到困难时，可以喊出哪些人的名字？要让孩子多留意身边的同学，并和他们多交流。

2. 说清楚理由

请别人帮忙要清楚地说出求助的理由，对方的帮助情绪才能高涨。比如，对同学说："我想上厕所，你帮我收一下作业，好吗？"说出具体的求助理由，别人就能知道为什么要帮助你了。

3. 具体表明需要对方帮什么忙

只说一句"帮我"，对方根本就不知道应该帮你什么。所以，要具体说一下要帮你什么、帮到什么程度。比如："你能帮我搬个凳子吗？""能帮我收拾一下吗？"这些都能清晰地传达给对方该做什么事。

4. 表达有多需要他的帮助

能得到对方的帮助，是非常好的一件事情。要让孩子把获得帮助后的良好结果传达给对方。比如："你要能帮助我的话，我就能按时离开啦""你要能帮助我，我就能不太累了"……这样，对方的"帮助"情绪也会很高涨。

5. 用清晰的声音拜托他

用对方能听得到的音量说出请求，孩子的请求就能清晰地传达给对方。如果可以，还可以笑着请求对方，对方也许会更乐意帮助你，因为没人会拒绝微笑。

◆孩子觉得同学比自己优秀，感到抑郁，怎么办——引导孩子识别并克服同伴压力

有这样一句话："离你最近的10个人，决定了你生活的幸福感。"除了亲人之外，在这10个人中，朋友也占据了很大一部分。每个人都需要朋友，孩子也一样，孩童时期的友谊非常珍贵，同伴关系是孩子最重视的关系之一，直接影响着孩子成长过程中的幸福感。然而，在同伴交往中，孩子也很容易受到伤害，继而变得抑郁，这种伤害一部分来自同伴压力。

女儿上三年级时，班上同学几乎人人一双某品牌运动鞋，女儿也想要一双，结果被妈妈直接拒绝了：因为这双鞋400多元，价格很贵，她觉得没必要为这么小的孩子买这么贵的运动鞋。

接下来的日子，女儿又要过两次该品牌运动鞋，妈妈问她："你如此想买这个品牌的运动鞋，是你真的很喜欢，还是因为班里面别人

都有？"

女儿说，因为班上同学都有，她也想要。妈妈觉得女儿的想法不对，于是买来两双质量一样但牌子不同、价格不同的运动鞋让女儿挑。女儿试穿了两双鞋，感受一番后发现：便宜的鞋子也和该品牌运动鞋一样暖和好看。

为了融入同龄人的圈子、显得合群，而被迫做某件事，无论这件事是对是错，都会让孩子觉得不如别人，从而变得抑郁。

使用的不同餐具、没看过的电视剧、大家都在穿的衣服、吸烟、手机……任何一件小事，都会成为同伴压力的来源。

什么是同伴压力？简单来说，就是指因害怕被同伴排挤，为了得到同伴的接纳，放弃自我感受，做出顺应别人的选择而造成的压力。同伴压力也有积极作用，比如在孩子朋友圈中，如果成员积极投身于学习活动，其他孩子学习的时间和热情也会大大提升。但同伴压力也会困扰人的一生，尤其是青春期的孩子，在自我意识和判断尚未成熟的时候，很容易因同伴压力而陷入痛苦和抑郁中。

曾看过一份调查：在诱使青少年感到抑郁的原因中，同伴压力发挥着巨大的作用。不少青少年都是受朋友诱导：

"你玩还是不玩？"

"你是不是没胆？"

为了合群、得到朋友的认同，他们往往都会做出肯定的回答，同伴压力及好奇心把他们推入了深渊。为了融入同龄人的圈子，会做出一些身不由己的决定，哪怕这件事是错的、是自己不愿意做的，这就是同伴压力带来的消极作用。

面对这种压力，父母应该如何引导孩子呢？

1. 帮助孩子从小发现自己的价值

太过在意别人的评价和认同，孩子内心就会充满压力，把自己弄得不知所措，寸步难行。面临同伴压力时，坚持自我就是成长。作为父母，要告诉孩子："要认可自我，不是别人觉得你不好，你就不好，别人说什么都不如自我认识重要。"

这种自我价值感往往来源于父母的爱、关注以及无条件的接纳，所以在日常生活中，父母要足够关注孩子的情绪、接纳孩子，及时给予孩子积极的情感反馈。当孩子有了来自家庭的爱与支持时，他们在社交活动中也会变得更加自信。

2. 教会孩子拒绝无理的要求

村上春树曾说："不管全世界所有人怎么说，我都认为自己的感受才是正确的。"不懂拒绝的孩子，最后吃亏的都是自己。教孩子拒绝是帮助他们分辨自己的感受，勇敢地拒绝无理和错误的要求，和不良行为划清界限。懂得拒绝的孩子，才能收获长久、稳定和健康的友谊。

3. 帮孩子树立正确的择友观

在孩子青春期开始前，家长就有必要和孩子聊聊交友之道这件事。家长可以借助绘本、动漫与孩子沟通，告诉孩子什么样的朋友值得交往、什么样的集体行为不值得效仿……要让孩子明白：真正的朋友不会强迫你做任何你不愿意做的事情。

有人说："朋友是生活中的阳光"，一段健康的友谊，带给孩子的应该是正能量、幸福、快乐、鼓励……交友是孩子的自由，但还是要告诉孩子：朋友，一定要择善而交！

◆孩子觉得同学瞧不起自己，感到抑郁难耐，怎么办——鼓励孩子勇敢面对

生活中，一些孩子非常在乎他人的看法，家长、老师或同学不经意的一句话，哪怕是一句调侃的玩笑话，都会引起他们强烈的情绪。当他们认为别人的话是对自己的褒扬时，就会暗自高兴，精神十足；当他们认为别人的话是对自己的贬低或嘲笑时，他们就会变得心情沮丧，郁郁寡欢，提不起劲儿来。总之，这类孩子总是片面地分析外来的评价，从而被外来评价所左右。兰兰就是其中之一：

兰兰正在上初一，很在意别人的看法。例如"原本穿了新衣服而心情大好的她会因为朋友的一句'这件衣服真丑'而瞬间心情跌落谷底，回家立马脱下衣服，发誓再也不穿了。

在一次舞蹈比赛中，因为同伴的一句玩笑话"你也太胖了吧"，她就吵着闹着要减肥；因为老师评价她语文成绩比数学成绩突出，她就哭着闹着说自己学不好理科了。

无论是在生活中还是学习上，她都将别人的评价看得至关重要，甚至一度陷入抑郁的深渊。

从心理学角度来讲，孩子在成长的过程中，都会经历从"无律"到"他律"的过程。在"无律"这个阶段的时候，孩子都会以自我为中心，不会过多考虑别人的感受；可当孩子处于"他律"这个阶段的时候，就会开始在意外界的评价。

再加上孩子的思维能力有限，无法对自我形成正确的认知，就很容易受到外界的影响。这个时候，孩子往往会以外界的评价为标准去评判自己。比如，有一个人开玩笑地对孩子说："你长得真丑"。孩子就会认为自己的长相比较丑。

这个时候，如果父母没有及时引导，而是附和着说："是呀，你真丑。"孩子将会更加坚定地认为他们就是丑的。一旦孩子形成了这种以他人评价为准的认知，就会变得非常敏感，会时刻担心别人是否讨厌自己，甚至想成为所有人眼中的好孩子。

通常这样的孩子自我价值感比较低，换句话说就是，不会轻易认可自己。时间长了，孩子就会失去自己的棱角，一味地迎合外界。同时，这样的孩子也容易受到外界的排挤，一旦孩子被人欺负，他们也不会认为是对方的错，反而会认为是因为自己不够好，所以才被如此对待。

帮孩子正确看待自己，不在意别人的眼光，这是父母应尽的责任。

1. 不要求孩子完美，给予孩子支持

很多父母对自己的要求本身就很高，在教育孩子的过程中，对孩子的要求自然也会很高。可是作为父母，不能以成年人的角度去约束孩子，而需要适当降低对孩子的要求，让孩子感受到父母是无条件支持他们的。只有这样，孩子才能更加自信。

2. 帮助孩子正确地看待自己

在孩子的认知系统还没有完善的时候，要帮助他们正确地看待自己。比如：有的孩子比较自卑，父母可以经常鼓励他们，将他们做得好的具体事情说出来，进行表扬。如果孩子存在一些缺点，父母也不要过度谴责，应该将他们做得不妥当的事情说出来，然后帮助他们改正。

每个孩子都需要一个成长的过程，在这个过程中必然会遇到很多问题，父母要做的就是帮助孩子一起面对和解决问题。学会解决问题的孩子的成长过程一定不会太艰难。

附录：青少年抑郁测试表

◆ 抑郁自评量表（SDS）

SDS 抑郁自评量表，是美国教育卫生部推荐用于精神药理学研究的量表之一。

下面有20条题目，仔细阅读每一条，搞清楚具体意思，然后根据你最近两周的实际感觉，在适宜的方格里画一个勾，每条文字后有4格，分别代表：

偶有：没有或很少时间；

少有：小部分时间；

常有：相当多时间；

持续：绝大部分或全部时间。

附表1　抑郁自评量表（SDS）

问题	偶有	少有	常有	持续
（1）我觉得闷闷不乐，情绪低沉	1	2	3	4
（2）我觉得一天之中早晨最好	4	3	2	1
（3）我偶尔会哭出来或觉得想哭	1	2	3	4

续表

问题	偶有	少有	常有	持续
（4）我晚上睡眠不好	1	2	3	4
（5）我吃得跟平常一样多	4	3	2	1
（6）我与异性亲密接触时和以往一样感到愉快	4	3	2	1
（7）我发觉我的体重在下降	1	2	3	4
（8）我有便秘的烦恼	1	2	3	4
（9）我心跳比平时快	1	2	3	4
（10）我无缘无故地感到疲乏	1	2	3	4
（11）我的头脑和往常一样清楚	4	3	2	1
（12）我觉得经常做的事情并没有困难	4	3	2	1
（13）我觉得不安而平静不下来	1	2	3	4
（14）我对将来抱有希望	4	3	2	1
（15）我比平常容易生气激动	1	2	3	4
（16）我觉得做出决定是容易的	4	3	2	1
（17）我觉得自己是个有用的人，有人需要我	4	3	2	1
（18）我的生活过得很有意思	4	3	2	1
（19）我认为如果我死了，别人会生活得更好	1	2	3	4
（20）平常感兴趣的事我仍然感兴趣	4	3	2	1

打分结束后，把20条题目的分数相加，即得到总分；然后，将总分乘以1.25，取整数部分，就得到了标准分。

按照中国常模结果，SDS标准分的分界值为53分，其中：

53—62分为轻度抑郁；

63—72分为中度抑郁；

72分以上为重度抑郁。

注：SDS抑郁自评量表并不能作为诊断抑郁的最终依据，仅能作为一项参考指标而非绝对标准。抑郁的诊断还应根据咨询者的病程、社会功

能损害程度和主观摆脱能力以及临床症状特别是要害症状的程度来诊断划分。如有问题，建议及时咨询专业人士。

◆伯恩斯抑郁症清单（BDC）

伯恩斯抑郁症清单（BDC），可以快速诊断出是否存在抑郁症。

量表详情如下：

请在符合你情绪的项上打分：没有0，轻度1，中度2，严重3。

（1）悲伤：你是否一直感到伤心或悲哀？

（2）泄气：你是否感到前景渺茫？

（3）缺乏自尊：你是否觉得自己没有价值或自以为是一个失败者？

（4）自卑：你是否觉得力不从心或自叹比不上别人？

（5）内疚：你是否对任何事都自责？

（6）犹豫：你是否在做决定时犹豫不决？

（7）焦躁不安：这段时间你是否一直处于愤怒和不满状态？

（8）对生活丧失兴趣：你对学习、家庭、爱好或朋友是否丧失了兴趣？

（9）丧失动机：你是否感到一蹶不振、做事情毫无动力？

（10）自我印象可怜：你是否以为自己已衰老或失去魅力？

（11）食欲变化：你是否感到食欲不振或情不自禁地暴饮暴食？

（12）睡眠变化：你是否患有失眠症或整天感到体力不支、昏昏欲睡？

（13）臆想症：你是否经常担心自己的健康？

（14）自我否定：你是否认为生存没有价值？

测试后，请算出你的总分，并换算测评分 YY=已获总分 /45×100（取整）

评出你的抑郁程度：

53—62 分为轻度抑郁；

63—72 分为中度抑郁；

73 分以上为重度抑郁。

◆青少年抑郁自我测试

下面有 20 条题目，请仔细阅读每一条，把意思弄明白，选择 A、B、C、D。

分别表示：

A：没有或很少时间（过去一周内，出现这类情况的日子不超过一天）

B：小部分时间（过去一周内，有 1—2 天有过这类情况）

C：相当多时间（过去一周内，3—4 天有过这类情况）

D：绝大部分或全部时间（过去一周内，有 5—7 天有过这类情况）

根据你最近一周的实际情况选择适当的选项。

（1）我觉得闷闷不乐，情绪低沉＿＿

（2）我觉得一天之中早晨最好＿＿

（3）我一阵阵地哭出来或是想哭＿＿

（4）我晚上睡眠不好____

（5）我吃得和平时一样多____

（6）我与异性接触时和以往一样感到愉快____

（7）我发觉我的体重在下降____

（8）我有便秘的苦恼____

（9）我心跳比平时快____

（10）我无缘无故感到疲乏____

（11）我的头脑和平时一样清楚____

（12）我觉得经常做的事情并没有困难____

（13）我觉得不安而平静不下来____

（14）我对将来抱有希望____

（15）我比平常容易激动____

（16）我觉得做出决定是容易的____

（17）我觉得自己是个有用的人，有人需要我____

（18）我的生活过得很有意思____

（19）我认为如果我死了别人会生活得更好____

（20）平常感兴趣的事我仍然感兴趣____

心理测试分析：

说明：主要统计指标为总分。

把20条题目的得分相加，得到粗分；之后，用粗分乘以1.25，四舍五入取整数，就能得到标准分。

抑郁评定的分界值为50分，分数越高，抑郁倾向越明显。

参考文献

1.［澳］格雷姆·考恩：《我战胜了抑郁症》，凌春秀译，人民邮电出版社 2021 年版。

2. 真实故事计划编：《少年抑郁症》，台海出版社 2022 年版。

3.［美］莫妮克·汤普森：《抑郁症自救手册》，林恩语译，中信出版社 2022 年版。

4.［加拿大］津德尔·西格尔、［英］马克·威廉斯、［英］约翰·蒂斯代尔：《抑郁症的正念认知疗法》，于红玉译，世界图书出版公司 2017 年版。

5.［美］伊丽莎白·斯瓦多：《我的抑郁症》，王安忆译，南海出版公司 2017 年版。

6. 所长任有病：《在抑郁这件事上，你并不孤独》，湖南文艺出版社 2021 年版。

7.［日］藤川德美：《你的抑郁，90% 可以靠食物改善》，米淳华译，北京科学技术出版社 2020 年版。